高等学校规划教材

土力学实验教程

唐洪祥　郭　莹　主编

中国建筑工业出版社

图书在版编目（CIP）数据

土力学实验教程/唐洪祥，郭莹主编. —北京：中国
建筑工业出版社，2017.1（2025.1重印）
高等学校规划教材
ISBN 978-7-112-20306-2

Ⅰ.①土…　Ⅱ.①唐…②郭…　Ⅲ.①土力学-实验-
高等学校-教材　Ⅳ.①TU4-33

中国版本图书馆 CIP 数据核字（2017）第 010575 号

　　本书为高校土木工程专业规划教材《土力学》的配套实验教学用书。本书重点突出对土的基本物理和力学指标的概念的理解与运用，强化综合运用各种实验手段完成相关工程应用为任务的理念。全书共分为三篇，第一篇由 2 章组成，主要介绍土的基本物理和力学性质指标的概念及其应用；第二篇由 15 章组成，主要介绍获得基本物理和力学指标的实验方法；第三篇由 3 章组成，主要介绍以工程实践为导向的 3 个综合设计实验，并且附上了相应的实验报告以供参考。

　　本书可作为高校土木工程、水利工程等相关专业土力学实验课程的教学用书。

责任编辑：李天虹
责任设计：李志立
责任校对：王宇枢　刘梦然

高等学校规划教材
土力学实验教程
唐洪祥　郭　莹　主编

*

中国建筑工业出版社出版、发行（北京海淀三里河路 9 号）
各地新华书店、建筑书店经销
霸州市顺浩图文科技发展有限公司制版
建工社（河北）印刷有限公司印刷

*

开本：787×1092 毫米　1/16　印张：8¼　字数：201 千字
2017 年 4 月第一版　2025 年 1 月第四次印刷
定价：**25.00** 元
ISBN 978-7-112-20306-2
（29629）

前　　言

　　本实验教程是高校土木工程专业规划教材《土力学》的配套实验教学用书。土力学课程是土木工程、水利工程、港海与航道工程、海洋工程、交通工程及工程管理类本科生的专业基础课，具有很强的实践性，土力学实验在其中占有相当重要的基础地位。土力学实验教学涉及学生对基本原理的理解与应用，同时可以引导学生进一步开展创新性实践活动。

　　经过几十年土力学、基础工程及软基处理等授课教师的努力，该系列课程的理论教学已在教材建设、授课方法等方面取得了显著进展；在实验教学方面，结合当前的学科发展需要及社会需求，在近10年大力进行了实验教学改革，尤其是近些年以国家级土木水利实验教学示范中心的建设为契机，土力学的实验教学在实验教学手段及实验教学仪器等硬件建设方面整体上也上了一个台阶，为完善土力学课程教学体系以及满足日益增长的大学生创新性实验计划和实践活动的需要，有必要编写土力学实验教程。

　　本教程重点突出了土的基本物理和力学指标的概念的理解与运用，强化了综合运用各种实验手段完成相关工程实践任务的理念。全书共分为三篇，第一篇由2章组成，主要介绍土的基本物理和力学性质指标的概念及其应用；第二篇由15章组成，主要介绍获得基本物理和力学指标的实验方法，这些实验方法全部包含在"土力学"理论课程教学内容之中，详细实验原理请参照《土力学》教材；第三篇由3章组成，主要介绍了以工程实践为导向的3个综合设计实验，并且附上了相应的实验报告以供参考，使用者可以根据实际情况选做相关实验。

　　鉴于不同专业土工实验依据的规程存在相当大的差异，而"土力学"课程面向土木、水利所有专业学生而开设，因此，本实验教程的基本实验方法主要依据国家标准《土工试验方法标准》GB/T 50123—1999，及中华人民共和国水利部行业标准《土工试验规程》SL 237—1999编制而成。为了方便阅读，也便于回溯、查找，在每个实验方法之前标明了所参考的标准和规程，在编写中对标准中有些错误进行了更正。为了保持与理论课程的有机联系，为了使学生更好地理解、掌握每一种实验项目，在每一个实验项目之前，添加了实验项目与土力学理论的对应部分及其基本概念，便于学生学习、参考。

　　本书由唐洪祥、郭莹主编。

　　限于时间和作者水平，书中错误和不当之处敬请批评指正！

　　感谢大连理工大学教务处和建设工程学部的大力支持与帮助，感谢岩土工程研究所的支持与帮助。感谢研究生王婷、张毅鹏、杜涛、孙发兵、董岩等在本书编写过程中的协助。

编者

目　　录

第一篇 土的常规物理和力学指标及应用

第1章 土的常规物理性质指标

1.1 土的颗粒级配

1.1.1 土的颗粒级配的概念

土粒粒组：大小相近范围内的土粒常表现出相似的物理、力学性质，将该范围内的土颗粒划分为一个土粒粒组。

分界粒径：土粒在性质上表现出明显差异的粒径，是划分土粒粒组的依据。

土的颗粒级配：土中各个粒组的相对含量，以各粒组占土粒总质量的百分数来表示。

土的颗粒级配曲线：以颗粒直径 d 为横坐标，并采用对数坐标；以小于该粒径的土粒质量占总质量的百分数为纵坐标，采用普通坐标，由实验所得数据点绘成的曲线即为颗粒级配曲线，如图 1-1-1 所示。

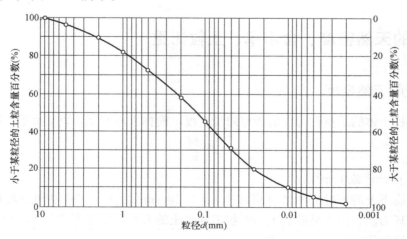

图 1-1-1　土的颗粒级配曲线

为确定土的颗粒级配，实验室常用颗粒分析实验获得各粒组的相对含量。常用的颗粒分析实验方法有筛析法（适用于粒径大于 0.075mm 的土）、密度计法和移液管法（适用于粒径小于 0.075mm 的土），密度计法又称比重计法或水分法。

1.1.2 平均粒径、不均匀系数与曲率系数

土的粗细程度常用平均粒径 d_{50} 表示，d_{50} 指土中大于此粒径和小于此粒径的土粒含量均为 50%。

为了定量判断土的颗粒级配情况，工程中常采用不均匀系数 C_u 和曲率系数 C_c 两个指标分别定量地描述土的颗粒级配曲线的坡度和形状：

$$C_u = \frac{d_{60}}{d_{10}} \tag{1-1-1}$$

$$C_c = \frac{d_{30}^2}{d_{10}d_{60}} \tag{1-1-2}$$

式中　d_{60}、d_{10}、d_{30}——分别为颗粒级配曲线上纵坐标为 60%、10%、30% 时所对应的粒径值；其中 d_{60} 称为控制粒径，也称限制粒径；d_{10} 称为有效粒径。

1.1.3 应用

依据土的颗粒级配曲线可以确定土的粗细程度及各粒组的相对含量，可以进行土的工程分类定名。

依据不均匀系数和曲率系数，可以判定土的级配是否良好。其判定标准如下：

(1) 级配良好的土：同时满足 $C_u \geqslant 5$ 及 $C_c = 1 \sim 3$。$C_u \geqslant 5$ 说明级配曲线坡度较平缓；$C_c = 1 \sim 3$ 说明曲线光顺；

(2) 级配不良的土：不能同时满足 $C_u \geqslant 5$ 及 $C_c = 1 \sim 3$ 两个条件。不满足 $C_u \geqslant 5$ 说明土粒大小比较均匀，即级配曲线坡度较陡；不满足 $C_c = 1 \sim 3$ 说明土粒粒径不连续。

1.2　土的天然密度、含水率、土粒比重

1.2.1　土的天然密度

单位体积土体的质量称为土的天然质量密度，简称天然密度，以 ρ 表示，即

$$\rho = \frac{M}{V} \tag{1-1-3}$$

常用单位为 g/cm³ 或 t/m³。

天然状态下土的密度范围常见值在 $1.6 \sim 2.2$g/cm³ 之间。实验室测定细粒土样的天然密度常用环刀法，测定易破裂土和形状不规则土的天然密度常用蜡封法，测定现场粗粒土的天然密度常用灌砂法或灌水法。

1.2.2　含水率

土中水的质量与土粒的质量之比称为土的含水率 w，即

$$w = \frac{M_w}{M_s} \times 100\% \tag{1-1-4}$$

工程应用中习惯以百分数表示。

室内测定含水率常用烘干法；在野外如无烘箱设备或要快速测定含水率时，可依土的性质和工程情况分别采用酒精燃烧法（适用于简易测定细粒土含水率）或比重法（适用于砂类土）。

1.2.3 土粒比重

土粒质量与4℃时同体积水的质量之比，以 G_s 表示，也称土粒相对密度，即

$$G_s = \frac{M_s}{V_s \rho_w} \tag{1-1-5}$$

式中 ρ_w——4℃条件下水的密度。

土粒比重 G_s 为无量纲量，其大小主要取决于土粒的矿物成分，砂土的比重常在2.65~2.69之间，黏性土的比重常在2.70~2.76之间。实验室测定土粒比重的实验有比重瓶法（适用于粒径小于5mm的土）、浮称法和虹吸筒法（适用于粒径大于等于5mm的土）。

1.2.4 应用

上述土的天然密度 ρ、土粒比重 G_s、土的含水率 w 是三个实验室直接测定的指标，也称基本物理性质指标，根据这三个指标可以确定其他物理性质指标。

1.2.4.1 孔隙比 e 与孔隙率 n

土中孔隙的体积与土粒体积之比称为孔隙比，用 e 表示，以小数计，即

$$e = \frac{V_v}{V_s} \tag{1-1-6}$$

由前述测得的三个基本物理性质指标，可换算得到孔隙比

$$e = \frac{G_s \rho_w (1+w)}{\rho} - 1 \tag{1-1-7}$$

式中 ρ_w——水的密度。

砂土孔隙比约为0.4~0.8；黏性土孔隙比约为0.6~1.5，黏土若含大量有机质，孔隙比甚至可达4.0以上。

土中孔隙的体积与土的总体积之比，也就是单位体积的土体中孔隙所占的体积，称为孔隙率，用 n 表示，常以百分数计，即

$$n = \frac{V_v}{V} \times 100\% \tag{1-1-8}$$

显然，孔隙率与孔隙比的关系为

$$n = \frac{V_v}{V} = \frac{V_v}{V_v + V_s} = \frac{e}{1+e} \tag{1-1-9}$$

1.2.4.2 饱和度 S_r

饱和度是土中水的体积与孔隙体积之比，用 S_r 表示，通常以百分数计，也可以小数计，即

$$S_r = \frac{V_w}{V_v} \times 100\% \tag{1-1-10}$$

由上述指标可以换算得到饱和度

$$S_r = \frac{G_s w}{e} \tag{1-1-11}$$

饱和度反映了土中孔隙被水所充满的程度，其变化范围为 0~100%。

1.2.4.3 饱和密度 ρ_{sat} 和饱和重度 γ_{sat}

饱和密度为土中孔隙完全被水充满时的密度，以 ρ_{sat} 表示，即

$$\rho_{sat} = \frac{M_s + V_v \rho_w}{V} \tag{1-1-12}$$

由前述指标可以换算得到饱和密度

$$\rho_{sat} = \frac{G_s + e}{1+e} \rho_w \tag{1-1-13}$$

饱和重度是当土中孔隙完全被水所充满时的重度，以 γ_{sat} 表示，即

$$\gamma_{sat} = \frac{W_s + V_v \gamma_w}{V} \tag{1-1-14}$$

式中 γ_w——水的重度。饱和重度单位为 kN/m^3。

利用前述指标可以换算得到饱和重度

$$\gamma_{sat} = \frac{G_s + e}{1+e} \gamma_w \tag{1-1-15}$$

1.2.4.4 浮重度 γ'

浮重度又称有效重度，是土体淹没在水下时的有效重量与总体积之比，即

$$\gamma' = \frac{W_s - V_s \gamma_w}{V} \tag{1-1-16}$$

由前述指标容易得到

$$\gamma' = \frac{G_s - 1}{1+e} \gamma_w \tag{1-1-17}$$

由式（1-1-15）与式（1-1-17），可见有如下关系

$$\gamma_{sat} = \gamma' + \gamma_w \tag{1-1-18}$$

饱和重度和浮重度（有效重度）是计算地下水位以下饱和土层自重应力的重要参数。

1.2.4.5 干密度 ρ_d 与干重度 γ_d

土粒质量与总体积之比称为干密度 ρ_d，即

$$\rho_d = \frac{M_s}{V} \tag{1-1-19}$$

土粒重量与总体积之比称为干重度 γ_d，即

$$\gamma_d = \frac{W_s}{V} \tag{1-1-20}$$

同样，由前述指标可得

4

$$\rho_d = \frac{G_s \rho_w}{1+e} = \frac{\rho}{1+w} \qquad (1-1-21)$$

因此，有

$$\gamma_d = \frac{G_s \gamma_w}{1+e} = \frac{\gamma}{1+w} \qquad (1-1-22)$$

干密度和干重度反映土颗粒排列的紧密程度，即反映土体的松密程度，工程上常用它们作为控制人工填土压实施工质量的控制指标。

显然，各种重度存在如下关系

$$\gamma' < \gamma_d \leqslant \gamma \leqslant \gamma_{sat}$$

由实验室测得的三个基本物理性质指标换算得到的其他物理性质指标汇总，如表 1-1-1 所示。

由三个基本物理性质指标换算得到的其他物理性质指标公式　　表 1-1-1

物理指标	换算公式	物理指标	换算公式
e	$e = \dfrac{G_s \rho_w (1+w)}{\rho} - 1$	γ'	$\gamma' = \dfrac{G_s - 1}{1+e} \gamma_w$
S_r	$S_r = \dfrac{G_s w}{e}$	ρ_d	$\rho_d = \dfrac{G_s \rho_w}{1+e} = \dfrac{\rho}{1+w}$
ρ_{sat}	$\rho_{sat} = \dfrac{G_s + e}{1+e} \rho_w$	γ_d	$\gamma_d = \dfrac{G_s \gamma_w}{1+e} = \dfrac{\gamma}{1+w}$
γ_{sat}	$\gamma_{sat} = \dfrac{G_s + e}{1+e} \gamma_w$	n	$\dfrac{e}{1+e}$

1.3 砂土的相对密实度

1.3.1 砂土相对密实度的定义

砂土的相对密实度（也称相对紧密度或相对密度）D_r 定义为

$$D_r = \frac{e_{max} - e}{e_{max} - e_{min}} = \frac{(\rho_d - \rho_{dmin}) \rho_{dmax}}{(\rho_{dmax} - \rho_{dmin}) \rho_d} \qquad (1-1-23)$$

式中　e、ρ_d——砂土在天然状态时的孔隙比和相应的干密度；

e_{max}、ρ_{dmin}——砂土在最疏松状态时的孔隙比，即最大孔隙比和相应的最小干密度；

e_{min}、ρ_{dmax}——砂土在最密实状态时的孔隙比，即最小孔隙比和相应的最大干密度。

$e_{max}(\rho_{dmin})$ 和 $e_{min}(\rho_{dmax})$ 由砂土的相对密实度实验测定。

1.3.2 应用

工程中常应用相对密实度来判断砂土的密实状态。当 $D_r = 0$ 即 $e = e_{max}$，表示砂土处于最松状态；$D_r = 1$ 即 $e = e_{min}$，表示砂土处于最密实状态。具体地，砂土的松密状态评价标准如表 1-1-2 所示。

砂土的相对密实度评价标准　　　　　　　　　　表 1-1-2

相对密实度 D_r	密实度
$D_r \leqslant 0.33$	疏松
$0.33 < D_r \leqslant 0.67$	中密
$D_r > 0.67$	密实

1.4 黏性土的界限含水率

1.4.1 黏性土的稠度状态

含水率不同时，黏性土会具有不同的稠度状态（软硬程度）。随着含水率由低到高，黏性土依次表现为固态、半固态、可塑态和液态，如图 1-1-2 所示。

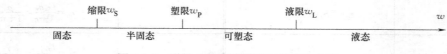

图 1-1-2　黏性土的稠度状态与界限含水率

1.4.2 界限含水率的定义

黏性土不同稠度状态的变化往往是渐变的，人为划分的界限称为界限含水率。液态与可塑态的界限含水率称为液限 w_L，可塑态与半固态的界限含水率称为塑限 w_P，半固态与固态的界限含水率称为缩限 w_S，如图 1-1-2 所示。

工程中缩限不常用，用得多的是塑限 w_P 和液限 w_L。测塑限 w_P 的方法有滚搓法，测液限 w_L 的方法有碟式仪法，另外还有同时可测得塑限和液限的液塑限联合测定法。

1.4.3 应用

1.4.3.1 塑性指数 I_P 及其应用

（1）塑性指数的定义

可塑性是区分黏性土和砂土的重要特征之一。黏性土可塑性大小，是以土处在可塑状态的含水率变化范围来衡量的，这个范围就是液限和塑限的差值，称为塑性指数 I_P，即

$$I_P = w_L - w_P \tag{1-1-24}$$

（2）利用塑性指数进行细粒土的分类

黏性土的可塑性是与黏粒的表面引力有关的一个性质。黏粒含量越多，土的比表面积越大，吸附的结合水越多，塑性指数就越大。亲水性大的矿物（如蒙脱石）的含量增加，塑性指数也就相应地增大。所以，塑性指数 I_P 能综合地反映土的矿物成分和颗粒大小的影响，常常作为黏性土和粉土等细粒土工程分类的重要依据。

如《建筑地基基础设计规范》GB 50007—2011、《岩土工程勘察规范》GB 50021—

2001 以及《港口工程地基规范》JTS 147—1—2010 关于土的分类方法中，将粒径大于 0.075mm 的颗粒质量不超过总质量 50%，且塑性指数 $I_P \leqslant 10$ 的土定名为粉土；$I_P > 10$ 的土定名为黏性土。进一步地，如 $10 < I_P \leqslant 17$，定名为粉质黏土；如 $I_P > 17$，则定名为黏土。应注意的是，塑性指数由相应于 76g 圆锥仪沉入土中深度为 10mm 时测定的液限计算而得。

而《土的工程分类标准》GB/T 50145—2007、水利部行业标准《土工试验规程》SL 237—1999 以及《公路土工试验规程》JTG E40—2007 中，细粒土的分类根据塑性图进行。塑性图的横坐标为液限 w_L，纵坐标为塑性指数 I_P，因此其分类与塑性指数和液限都有关系。应注意的是，在此分类中液限 w_L 及塑性指数 I_P 的计算均为 76g 圆锥仪沉入土中深度为 17mm 时测定的液限而得。

（3）利用塑性指数确定细粒土的活性指数

细粒土可以按照液限和塑性指数或只采用塑性指数进行分类，塑性指数能够一定程度地代表全部土颗粒吸附结合水的能力，但是该指标还不能充分反映土中所包含的黏土矿物吸附结合水的能力，或者说不能充分反映黏土矿物的表面活性的高低，同样结合水含量，可能是由大量的吸附能力不强的矿物（如高岭石），也可能是由含量很少但吸附能力很强的矿物（如蒙脱石）所引起，区别这一点对于鉴定某些性质很重要。当然，实验室可以通过矿物成分分析实验进行鉴定，但这类实验普遍比较复杂，一般实验室很难实现。斯开普顿（Skempton A W）建议用土的活性指数 A 来衡量土中黏土矿物吸附结合水的能力，即

$$A = \frac{I_P}{P_{0.002}} \tag{1-1-25}$$

式中　I_P——土的塑性指数；

　　$P_{0.002}$——粒径小于 0.002mm 颗粒的质量占总质量的百分数，计算时用百分数的分子。

根据活性指数 A 的大小，黏性土可以分成如下三类：

非活性黏土　　$A < 0.75$

正常黏土　　　$A = 0.75 \sim 1.25$

活性黏土　　　$A > 1.25$

非活性黏土中的矿物成分以高岭石等吸水能力较差的黏土矿物为主，而活性黏土的矿物成分则以吸水能力很强的蒙脱石等矿物为主。表 1-1-3 表示某些黏土的活性指数，供参考。

黏土的活性指数　　　　　　　　　　　　　　表 1-1-3

黏土类别	活性指数范围	土的名称	粒径小于 0.002mm 部分的矿物成分	活性指数 A
Ⅰ 不活动的	<0.5	高岭土	高岭石	0.39
		冰期后湖成黏土	云母、伊利石、方解石、少量石英和蒙脱石	0.49
Ⅱ 不活动的	0.5～0.75	白垩纪湖成黏土	伊利石、高岭石、少量的蛭石	0.63
Ⅲ 正常的	0.75～1.25	冰期后海成黏土	伊利石、少量的叙永石	0.88
		上石灰纪黏土	伊利石	0.90

黏土类别	活性指数范围	土的名称	粒径小于 0.002mm 部分的矿物成分	活性指数 A
Ⅲ正常的	0.75~1.25	伦敦始新世海成黏土	伊利石、少量的高岭石和蒙脱石	0.95
		白垩纪海成黏土	伊利石、高岭石、少量的蒙脱石	0.96
Ⅳ活动的	0.25~2.0	冰期后三角洲黏土、含有机质	伊利石、少量高岭石	1.33
Ⅴ活动的	>2.0	墨西哥城的膨润土	蒙脱石	4.3
		卫奥明(Wyoming)膨润土	蒙脱石	6.3

1.4.3.2 液性指数 I_L 及其应用

（1）液性指数的定义

土的天然含水率在一定程度上说明土的软硬与干湿状态，对于同一土体，含水率越高，土体越软。但是，仅有含水率的绝对数值却不能说明不同土体所处的状态。例如，有几种含水率相同的土样，若它们的塑限、液限不同，则这些土样所处的稠度状态就可能不同。因此不同黏性土的稠度状态需要一个表征土的天然含水率与界限含水率之间相对关系的指标，即液性指数 I_L 来加以判定。I_L 的表达式为：

$$I_L = \frac{w - w_P}{w_L - w_P} \tag{1-1-26}$$

（2）液性指数的应用

根据表 1-1-4 的标准可判别天然黏性土的软硬程度。

黏性土的状态　　　　　　　　　　　　　　　　表 1-1-4

状态	坚硬	硬塑	可塑	软塑	流塑
液性指数	$I_L \leqslant 0$	$0 < I_L \leqslant 0.25$	$0.25 < I_L \leqslant 0.75$	$0.75 < I_L \leqslant 1$	$I_L > 1$

1.5 压实系数

1.5.1 压实系数的定义

填土在现场碾压后的干密度 ρ_d 与实验室击实实验测得的最大干密度 ρ_{dmax} 之比称为压实系数，记为 λ_c。

$$\lambda_c = \frac{\rho_d}{\rho_{dmax}} \tag{1-1-27}$$

式中，现场干密度 ρ_d 可由前述方法测出的现场密度及含水率算得，而最大干密度 ρ_{dmax} 则需通过实验室击实实验获得。

1.5.2 最大干密度与最优含水率

通过实验室的击实实验可以获得击实后含水率与干密度数据，将若干组数据点绘在以干密度为纵坐标、以含水率为横坐标的坐标网格中，连成一条光滑的曲线，即得到干密度—含水率曲线，也称击实曲线（如图 1-1-3 所示）。一般黏性土或有一定黏粒含量的土的击实曲线具有峰值，峰值点所对应的含水率称最优含水率 w_{op}，对应的干密度称最大干密度 ρ_{dmax}。

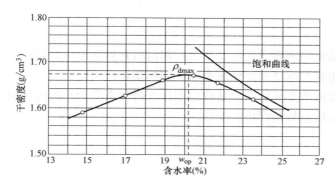

图 1-1-3 击实曲线与饱和曲线

在轻型击实实验中，当试样中粒径大于 5mm 的土质量小于或等于试样总质量的 30% 时，应对最大干密度和最优含水率进行校正。

最大干密度应按下式校正：

$$\rho'_{dmax} = \cfrac{1}{\cfrac{1-P_5}{\rho_{dmax}} + \cfrac{P_5}{\rho_w \cdot G_{s2}}} \tag{1-1-28}$$

式中　ρ'_{dmax}——校正后试样的最大干密度（g/cm³）；

P_5——粒径大于 5mm 土的质量百分数（%）；

G_{s2}——粒径大于 5mm 土粒的饱和面干比重，饱和面干比重指当土粒呈饱和面干状态时的土粒总质量与相当于土粒总体积的 4℃时纯水质量的比值。

最优含水率应按下式进行校正，计算至 0.1%。

$$w'_{op} = w_{op}(1 - P_5) + P_5 \cdot w_{ab} \tag{1-1-29}$$

式中　w'_{op}——校正后试样的最优含水率（%）；

w_{op}——击实试样的最优含水率（%）；

w_{ab}——粒径大于 5mm 土粒的吸着含水率（%）。

吸着含水率为材料吸入水的质量与材料干质量之比，其表达式为

$$w_{ab} = \frac{m_1 - m}{m} \times 100\% \tag{1-1-30}$$

式中　m_1——材料吸水饱和后的质量（kg）；

m——材料干燥状态下的质量（kg）。

1.5.3 应用

压实系数常用来判断填土碾压施工质量合格与否，是控制填土碾压施工质量的重要指标。压实填土地基常控制压实系数在 0.91～0.98 范围内，控制数值越高，碾压控制标准越高。

显然，当土的含水率达到最优含水率时，可以被击实到最密实状态。为了得到较好的施工碾压效果，考虑到现场的实际情况，在施工中应控制被碾压土的含水率在 $w_{op} \pm 2\%$ 为宜。

思考题

1. 土的三个基本物理性质指标是什么？如何由它们推导得到其他物理性质指标？
2. 砂土的松密状态用什么指标来衡量？如何衡量？
3. 黏性土分类的依据是什么？其状态用什么指标来评价？如何评价？
4. 填土的压实质量如何评价？

第2章 土的常规力学性质指标

2.1 土的渗透系数

2.1.1 达西定律与渗透系数

达西定律：在层流状态的渗流中，饱和土体中水的渗透速度 v 正比于水力坡降 i，即

$$v = ki \tag{1-2-1}$$

式中 k——土的渗透系数（cm/s 或 m/d）。

渗透系数是表征土的渗透性质的重要力学指标，其物理意义为单位水力坡降的渗透速度，其实验室测定方法通常有常水头渗透实验（适用于粗粒土）和变水头渗透实验（适用于细粒土）。

各类土的渗透系数的大致范围如表 1-2-1 所示。

各类土的渗透系数 表 1-2-1

土的类别	渗透系数 k		土的类别	渗透系数 k	
	cm/s	m/d		cm/s	m/d
黏土	$<6\times10^{-6}$	<0.005	细砂	$1\times10^{-3}\sim6\times10^{-3}$	$1.0\sim5.0$
粉质黏土	$6\times10^{-6}\sim1\times10^{-4}$	$0.005\sim0.1$	中砂	$6\times10^{-3}\sim2\times10^{-2}$	$5.0\sim20.0$
黄土	$6\times10^{-5}\sim5\times10^{-4}$	$0.05\sim0.4$	粗砂	$2\times10^{-2}\sim6\times10^{-2}$	$20.0\sim50.0$
粉土	$1\times10^{-4}\sim6\times10^{-4}$	$0.1\sim0.5$	圆砾	$6\times10^{-2}\sim1\times10^{-1}$	$50.0\sim100.0$
粉砂	$6\times10^{-4}\sim1\times10^{-3}$	$0.5\sim1.0$	卵石	$1\times10^{-1}\sim6\times10^{-1}$	$100.0\sim500.0$

2.1.2 应用

显然渗透系数 k 值大表示土透水性强，k 值小表示土透水性弱，由此可以选择 k 值大的土体如砾石、中砂、粗砂用作排水材料，而选择 k 值小的土体用作挡水、防渗材料，如土坝的黏土心墙、垃圾填埋场的防渗层等。

此外，土体的渗透系数大小对渗透固结过程的快慢有重要的影响。

2.2 土的压缩性指标

2.2.1 压缩曲线与膨胀曲线

以孔隙比 e 为纵坐标，荷载 p 为横坐标，均采用普通坐标，将压缩实验得到的多组

（p_i，e_i）数据点在上面，连成一条光滑的曲线，即为压缩曲线，称为 e-p 曲线，如图 1-2-1（a）所示。

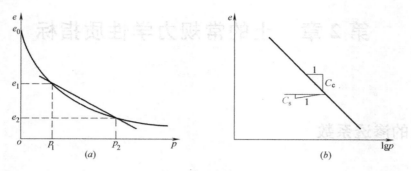

图 1-2-1　压缩曲线

如果孔隙比 e 的纵坐标为普通坐标，而荷载 p 的横坐标改为对数坐标，将压缩实验得到的多组（p_i，e_i）数据点在上面，得到的压缩曲线称为 e-$\lg p$ 曲线，对初始状态为流态的人工制备的饱和黏性土来说，它基本上是一条直线，如图 1-2-1（b）所示。

如果在压缩实验中的某级荷载开始卸载，等膨胀稳定后测得孔隙比，如此逐级卸载并测得孔隙比，便可绘出膨胀曲线（膨胀支）；如果卸载后再加载，便可得到再压缩曲线（再压支）。在 e-$\lg p$ 坐标中膨胀支与再压支可近似认为重合，且用一条直线代替，如图 1-2-1（b）所示。

2.2.2　压缩系数

压缩系数 a 是 e-p 曲线上某一荷重范围的割线斜率，如图 1-2-1（a）所示，表示在该压力范围内土的压缩性。

$$a=\frac{-\Delta e}{\Delta p}=\frac{e_1-e_2}{p_2-p_1} \tag{1-2-2}$$

单位为 MPa^{-1}。压缩系数 a 不是一个常量，一般随压力增大而减小，工程上通常用压力从 100kPa 变到 200kPa 的系数 a_{1-2} 来评价土的压缩性。

2.2.3　压缩指数

压缩指数 C_c 是 e-$\lg p$ 曲线上直线段的斜率，如图 1-2-1（b）所示。

$$C_c=\frac{-\Delta e}{\Delta \lg p}=\frac{e_1-e_2}{\lg p_2-\lg p_1} \tag{1-2-3}$$

它是一个无因次量，不随荷载变化范围而变，是一个常量。

2.2.4　压缩模量、体积压缩系数

压缩模量定义为：侧限条件下，竖向应力增量与竖向应变增量之比。

$$E_s=\frac{\Delta \sigma'_z}{\Delta \varepsilon_z}=\frac{p_2-p_1}{(e_1-e_2)/(1+e_0)}=\frac{1+e_0}{a} \tag{1-2-4}$$

单位为 kPa 或 MPa。与压缩系数 a 类似，压缩模量 E_s 也不是一个常量，与压力范围有关。

体积压缩系数：侧限压缩实验中，在某一荷载变化范围内，单位应力增量所引起的体

变增量定义为体积压缩系数 m_v，即

$$m_v=\frac{\Delta\varepsilon_v}{\Delta\sigma'_z}=\frac{\Delta\varepsilon_z}{\Delta\sigma'_z}=\frac{1}{1+e_0}\frac{e_1-e_2}{p_2-p_1}=\frac{a}{1+e_0}=\frac{1}{E_s} \tag{1-2-5}$$

由此可见，体积压缩系数恰好是压缩模量的倒数，其单位为 kPa^{-1} 或 MPa^{-1}。

2.2.5 膨胀指数（回弹指数）

将 e-$\lg p$ 坐标中的膨胀曲线与再压缩曲线合用一条直线代替，其斜率称为膨胀指数（或回弹指数）C_s，即

$$C_s=\frac{-\Delta e}{\Delta\lg p}=\frac{e_1-e_2}{\lg p_2-\lg p_1} \tag{1-2-6}$$

同样，它也是一个无因次量。

2.2.6 先期固结压力

先期固结压力为试样历史上曾经承受过的最大竖向有效应力，用 p_c 表示。可以采用 Cassagrande 方法由 e-$\lg p$ 曲线求得，如图 1-2-2 所示，具体方法详见第二篇第 10.3.2 节（10）条。

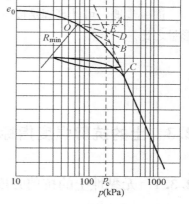

图 1-2-2　e-$\lg p$ 曲线求 p_c 示意图

2.2.7 固结系数

固结系数 C_v 定义为

$$C_v=\frac{k(1+e_1)}{\gamma_w a} \tag{1-2-7}$$

式中　e_1——土层固结之前的初始孔隙比；

　　　γ_w——水的重度；

　　　k——土的渗透系数。

C_v 单位为 cm^2/s 或 cm^2/a。通过式（1-2-7）计算难以得到满意的固结系数，实际工程中常常根据侧限压缩实验（固结实验）结果确定饱和土体的 C_v 值，较常用的有时间平方根拟合法和时间对数拟合法等半经验方法。

2.2.8 应用

压缩系数 a_{1-2} 可以用来评价土的压缩性，$a_{1-2}\geqslant0.5\,\text{MPa}^{-1}$ 的土为高压缩性土，$a_{1-2}<0.1\,\text{MPa}^{-1}$ 的土为低压缩性土，介于中间的为中压缩性土。

基于单向压缩分层总和法与《建筑地基基础设计规范》GB 50007—2011，压缩系数、压缩指数、压缩模量、体积压缩系数以及膨胀指数（回弹指数）等可用来计算土层的最终变形量。

将先期固结压力 p_c 与该点的竖向自重应力 σ_{cz} 进行比较，可以评价天然土层的固结状态。定义超固结比 $\text{OCR}=p_c/\sigma_{cz}$，则可根据 OCR 的大小判定土层固结状态：

　　　　　　　　欠固结　　　　　　OCR<1

　　　　　　　　正常固结　　　　　OCR=1

　　　　　　　　超固结　　　　　　OCR>1

此外，在超固结土的变形量计算中，由先期固结压力 p_c 将变形量计算分为两部分进行。

在计算与时间相关的固结过程时，固结系数用来计算时间因数 T_v 及固结度 U 等。如计算时间因数

$$T_v = \frac{C_v t}{H^2} \tag{1-2-8}$$

式中　H——土层最大排水距离；对于双面排水的土层，H 为土层厚度的一半；

　　　t——固结时间。

进一步地，可计算固结度（在某一荷载下，土层经历时间 t 的变形量与土层的最终变形量之比）

$$U \approx 1 - \frac{8}{\pi^2} \exp\left(-\frac{\pi^2}{4} T_v\right) \tag{1-2-9}$$

2.3　土的抗剪强度指标

2.3.1　无黏性土的抗剪强度指标

无黏性土的抗剪强度包线基本通过原点，其抗剪强度公式为

$$\tau_f = \sigma' \tan\varphi \tag{1-2-10}$$

式中　σ'——剪破面上的法向有效应力；

　　　φ——抗剪强度指标中的内摩擦角。

φ 与颗粒大小、级配及密实度等因素有关，一般中砂、粗砂、砾砂 $\varphi = 32° \sim 40°$，粉砂、细砂 $\varphi = 28° \sim 36°$。密实度较大的可取上限值，反之应取低值。砂土抗剪强度比较高，是一种比较稳定的材料，通过直剪实验或三轴剪切实验可以测定砂土的内摩擦角。

2.3.2　黏性土的抗剪强度指标

2.3.2.1　抗剪强度的主要影响因素

与无黏性土不同，黏性土的黏粒之间靠颗粒间引力，包括它所吸引的阳离子及结合水间的引力形成联结强度，土越密实强度越高，密实度是影响黏性土抗剪强度的主要因素。

黏性土的密实度与应力历史、法向有效应力以及剪切过程中的排水条件相关。考虑到这些相关因素的影响，黏性土的抗剪强度实验（直剪实验与三轴剪切实验）依据剪前的应力状态与剪切过程中的排水条件，可以组合成多种实验方法，从而得到不同意义下的抗剪强度指标。黏性土抗剪强度的一般公式如下

$$\tau_f = c + \sigma \tan\varphi \tag{1-2-11}$$

式中　c、φ——分别为抗剪强度指标中的黏聚力和内摩擦角，根据不同的实验方法具体表示有所不同。

2.3.2.2 直剪实验的抗剪强度指标

工程中，黏性土直剪实验有三种，分别是快剪、固结快剪与慢剪实验，对应获得快剪、固结快剪与慢剪强度指标。

（1）快剪强度指标

切取若干个黏性土试样分别放在直剪仪中，施加不同的垂直荷载后，立即较快地施加剪应力，使试样在 3~5min 内剪破，此时得到的强度指标即为快剪强度指标，用 c_q、φ_q 表示，其实验方法和结果适用于低渗透性黏性土（渗透系数 $k<10^{-6}$ cm/s）。

（2）固结快剪强度指标

切取若干个黏性土试样分别放在直剪仪中，施加不同的垂直荷载后，待试样固结稳定，使施加的荷载转化为有效应力，再较快地施加剪应力，使试样在 3~5min 内剪破，此时得到的强度指标即为固结快剪强度指标，用 c_{cq}、φ_{cq} 表示。

（3）慢剪强度指标

切样、装样及施加垂直荷载后的固结过程等同固结快剪实验，但剪切时施加剪应力较慢，使试样充分排水（或吸水），不产生超孔隙水压力，此种情况下得到的强度指标为慢剪强度指标，用 c_s、φ_s 表示。

2.3.2.3 三轴剪切实验的抗剪强度指标

与直剪实验类似，黏性土三轴剪切实验方法有三种，分别是不固结不排水剪切实验（也叫 UU 实验或 U 实验）、固结不排水剪切实验（也叫 CU 实验）及固结排水剪切实验（也叫 CD 实验或 D 实验）。

（1）不固结不排水剪切强度指标

在三轴剪切实验中，对装好的试样施加各向均等压力 σ_3 时，关闭排水阀（即不固结）；剪切过程中施加偏应力时，也关闭排水阀（即不排水），此种情况下测得的强度指标为不固结不排水剪切强度指标，用 c_u、φ_u 表示。

（2）固结不排水剪切强度指标

在三轴剪切实验中，对装好的试样施加各向均等压力 σ_3 时，打开排水阀，使试样在 σ_3 作用下固结稳定；然后关闭排水阀，剪切过程中施加偏应力时，排水阀关闭（即不排水），此种情况下测得的强度指标为固结不排水剪切强度指标，用 c_{cu}、φ_{cu} 表示。

（3）固结排水剪切强度指标

在三轴剪切实验中，对装好的试样施加各向均等压力 σ_3 时，打开排水阀，使试样在 σ_3 作用下固结稳定；剪切过程中施加偏应力时，排水阀也打开（即排水），在超孔压力为零的情况下缓慢剪切，此种情况下测得的强度指标为固结排水剪切强度指标，用 c_d、φ_d 表示。

2.3.2.4 有效强度指标

在三轴固结不排水剪切实验过程中，可连续测得试样内的孔隙水压力。如果从剪破时的大小主应力 σ_{1f}、σ_{3f} 中扣除该时刻的孔隙水压力值 u_f，可得到剪破时的有效主应力 σ_{1f}'、σ_{3f}'，从而得到三轴剪切的有效应力强度包线，其对应的强度指标为有效强度指标，即有效黏聚力 c' 和有效内摩擦角 φ'。

有效强度指标与直剪的慢剪及三轴的固结排水剪切实验得到的强度指标的意义是一致的，因而工程上对黏性土来说，通常不做很费时的慢剪和固结排水剪切实验，而采用测孔隙水压力的固结不排水剪切实验获得有效黏聚力 c' 和有效内摩擦角 φ' 代替。

2.3.3 黏性土的其他强度指标

2.3.3.1 无侧限抗压强度

将削好的土样直接放在无侧限压缩仪上，在不施加侧向压力的情况下，只施加竖向压力快速将试样剪破，得到的强度为无侧限抗压强度 q_u，它与不排水强度有如下关系

$$c_u = \frac{1}{2} q_u \qquad\qquad (1\text{-}2\text{-}12)$$

无侧限抗压强度实验方法只适用于低渗透性的饱和黏性土，此时 $\varphi_u = 0$。

2.3.3.2 现场不排水剪切强度

现场测定饱和软黏土的不排水剪切强度采用十字板剪切实验，测得的现场不排水剪切强度用 c_u 表示，此时 $\varphi_u = 0$。

现场十字板剪切实验避免了取土、运输、切样等过程对土的扰动，是目前用于饱和软黏土强度测试的常用方法，特别适合均匀的饱和软黏土。

2.3.4 应用

如果通过实验确定了某种意义上的抗剪强度指标 c、φ，则可由式（1-2-11）计算得到任一平面作用法向应力 σ 下的抗剪强度，从而与该面上作用的剪应力作比较，即可判断该面是否剪坏，这就是土的极限平衡理论。它是许多实际工程中的强度破坏及稳定性分析的基础，具体应用如挡土墙土压力与稳定性分析、边坡稳定分析以及地基承载力确定等。

需要注意的是，由于实际工程中土体的有效应力及其应力历史及排水条件不同，在选取抗剪强度指标时要注意强度测试的实验方法与实际工程一致。具体地，一些典型工程问题的强度指标取值归纳在表 1-2-2 中。

强度指标的选用

表 1-2-2

稳定性验算工程类别	强度指标的选取	实验方法
软土地基上的快速填方； 黏土心墙尚未固结，土坝快速施工； 黏性土地基上快速施工的建筑物	c_u、φ_u c_q、φ_q q_u	三轴不固结不排水剪切实验 直剪快剪实验 无侧限抗压强度实验 现场十字板剪切实验
软土路基方，下层固结稳定后填上一层； 库区水位骤降下黏土心墙土坝的稳定性； 在天然土坡上快速填方	c_{cu}、φ_{cu} c_{cq}、φ_{cq}	三轴固结不排水剪切实验 直剪固结快剪实验
黏性土地基上的分层慢速填方； 稳定渗流期的土坝； 黏土地基上建筑物慢速施工	c_d、φ_d c'、φ' c_s、φ_s	三轴固结排水剪切实验 测孔隙水压力的三轴固结不排水剪切实验 直剪慢剪实验

思考题

1. 土的渗透性大小如何衡量？

2. 土的压缩性指标有哪些？在工程上有哪些应用？

3. 土的抗剪强度指标有哪几类？对应的实验方法是什么？工程上如何选取？

第二篇　常规土工实验

第 1 章　试样制备和饱和

1.1　概述

"土力学"课程中很少涉及这部分内容，实际上，试样制备和饱和是实验过程中最初始、最重要的环节，决定着实验结果的成败、正确与否，是后续实验的一个相当重要的基础工作，应引起特别的关注。

针对原状土样的制备主要应注意防止试样的扰动、尽量保持试样的原状特性，才能获得准确的实验结果。

针对重塑土样或称扰动土样的制备则需要区分不同土类区别对待。

本章所述的具体实验方法主要依据《土工试验方法标准》GB/T 50123—1999；本章所讲的试样制备和饱和方法仅针对环刀试样，对于三轴试样等的制备和饱和应参考相应的实验规程进行。

1.2　试样制备基本要求

（1）本实验方法适用于颗粒粒径小于 60mm 的原状土和扰动土。

（2）根据力学性质实验项目要求，原状土样同一组试样间密度的允许差值为 0.03g/cm^3；扰动土样同一组试样的密度与要求的密度之差不得大于 ±0.01g/cm^3，一组试样的含水率与要求的含水率之差不得大于 ±1%。

1.3　试样制备所需实验仪器

（1）细筛：孔径 0.5mm、2mm。

（2）洗筛：孔径 0.075mm。

（3）台秤和天平：称量 10kg，最小分度值 5g；称量 5000g，最小分度值 1g；称量

1000g，最小分度值 0.5g；称量 500g，最小分度值 0.1g；称量 200g，最小分度值 0.01g。

（4）环刀：不锈钢材料制成，内径 61.8mm 和 79.8mm，高 20mm。

（5）击样器：如图 2-1-1 所示。

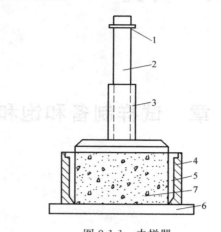

图 2-1-1　击样器

1—定位环；2—导杆；3—击锤；4—击样筒；5—环刀；6—底座；7—试样

（6）压样器：如图 2-1-2 所示。

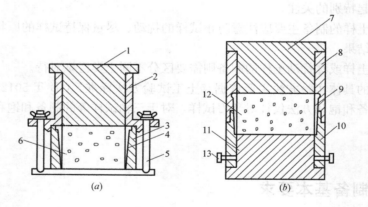

图 2-1-2　压样器

（a）单向；（b）双向

1—活塞；2—导筒；3—护环；4—环刀；5—拉杆；6—试样；7—上活塞；
8—上导筒；9—环刀；10—下导筒；11—下活塞；12—试样；13—销钉

（7）抽气设备：应附真空表和真空缸。

（8）其他：包括切土刀、钢丝锯、碎土工具、烘箱、保湿缸、喷水设备等。

1.4　原状土试样的制备

（1）将土样筒按标明的上下方向放置，剥去蜡封和胶带，开启土样筒取出土样。检查

18

土样结构，当确定土样已受扰动或取土质量不符合规定时，不应制备力学性质实验的试样。

（2）根据实验要求用环刀切取试样时，应在环刀内壁涂一薄层凡士林，刃口向下放在土样上，将环刀垂直下压，并用切土刀沿环刀外侧切削土样，边压边削至土样高出环刀，根据试样的软硬采用钢丝锯或切土刀整平环刀两端土样，擦净环刀外壁，称环刀和土的总质量。

（3）从余土中取代表性试样测定含水率。比重、颗粒分析、界限含水率等项目实验的取样，应按本章1.5.1中步骤（2）的规定进行。

（4）切削试样时，应对土样的层次、气味、颜色、夹杂物、裂缝和均匀性进行描述，对低塑性和高灵敏度的软土，制样时不得扰动。

1.5 扰动土试样的制备

1.5.1 扰动土试样的备样

（1）将土样从土样筒或包装袋中取出，对土样的颜色、气味、夹杂物和土类及均匀程度进行描述，并将土样切成碎块，拌合均匀，取代表性土样测定含水率。

（2）对均质和含有机质的土样，宜采用天然含水率状态下的代表性土样，供颗粒分析、界限含水率实验用。对非均质土应根据实验项目取足够数量的土样，置于通风处晾干至可碾散为止。对砂土和进行比重实验的土样宜在105～110℃温度下烘干，对有机质含量超过5％的土、含石膏和硫酸盐的土，应在65～70℃温度下烘干。

（3）将风干或烘干的土样放在橡皮板上用木碾碾散，对不含砂和砾的土样，可用碎土器碾散（碎土器不得将土粒破碎）。

（4）对分散后的粗粒土和细粒土，应按表2-1-1的要求过筛。对含细粒土的砾质土，应先用水浸泡并充分搅拌，使粗细颗粒分离后按不同实验项目的要求进行过筛。

实验取样数量和过筛标准 表 2-1-1

土类 土样数量 实验项目	细粒土		砂土		过筛标准 （mm）
	原状土（筒） $\phi10cm\times20cm$	扰动土 （g）	原状土（筒） $\phi10cm\times20cm$	扰动土 （g）	
含水率		80～100		80～100	
比重		50		50	
颗粒分析		100		200～500	
界限含水率		500			0.5
密度	1		1		
固结		2000			2.0
三轴压缩	2	5000		5000	2.0
直接剪切	1	2000			2.0

土类 土样数量 实验项目	细粒土		砂土		过筛标准 (mm)
	原状土(筒) $\phi10\text{cm}\times20\text{cm}$	扰动土 (g)	原状土(筒) $\phi10\text{cm}\times20\text{cm}$	扰动土 (g)	
击实		轻型>15000 重型>30000			5.0
无侧限抗压强度	1				
相对密度				2000	
渗透	1	1000		2000	2.0

1.5.2 扰动土试样的制样

（1）试样的数量视实验项目而定，应有备用试样 1～2 个。

（2）将碾散的风干土样通过孔径 2mm 或 5mm 的筛，取筛下足够实验用的土样，充分搅匀，测定风干含水率，装入保湿缸或塑料袋内备用。

（3）根据实验所需的土量与含水率，制备试样所需的加水量应按下式计算

$$m_{\mathrm{w}}=\frac{m_0}{1+0.01w_0}\times0.01(w_1-w_0)\qquad(2\text{-}1\text{-}1)$$

式中　m_{w}——制备试样所需的加水量（g）；

　　　m_0——湿土（或风干土）质量（g）；

　　　w_0——湿土（或风干土）含水率（%）；

　　　w_1——制样要求的含水率（%）。

（4）称取过筛的风干土样平铺于搪瓷盘内，将水均匀喷洒于土样上，充分拌匀后装入盛土容器内盖紧，润湿一昼夜，砂土的润湿时间可酌减。

（5）测定润湿土样不同位置处的含水率，不应少于两点，含水率差值应符合本章 1.2 节的规定。

（6）根据环刀容积及要求的干密度，制样所需的湿土量应按下式计算：

$$m_0=(1+0.01w_0)\rho_{\mathrm{d}}V\qquad(2\text{-}1\text{-}2)$$

式中　ρ_{d}——试样的干密度（g/cm³）；

　　　V——试样体积（环刀容积）（cm³）。

（7）扰动土制样可采用击样法和压样法。

① 击样法：将根据环刀容积和要求干密度所需质量的湿土倒入装有环刀的击样器内，击实到所需密度。

② 压样法：将根据环刀容积和要求干密度所需质量的湿土倒入装有环刀的压样器内，通过活塞以静压力将土样压紧到所需密度。

（8）取出带有试样的环刀，称环刀和试样总质量，对不需要饱和，且不立即进行实验的试样，应存放在保湿器内备用。

1.6 试样饱和

1.6.1 试样饱和方法

（1）粗粒土采用浸水饱和法。

（2）渗透系数大于 10^{-4} cm/s 的细粒土，采用毛细管饱和法；渗透系数小于等于 10^{-4} cm/s 的细粒土，采用抽气饱和法。

1.6.2 毛细管饱和法

（1）选用框式饱和器（图 2-1-3a），试样上、下面放滤纸和透水板，装入饱和器内，并旋紧螺母。

（2）将装好的饱和器放入水箱内，注入清水，水面不宜将试样淹没，关箱盖，进水时间不少于两昼夜，使试样充分饱和。

（3）取出饱和器，松开螺母，取出环刀，擦干外壁，称环刀和试样的总质量，并计算试样的饱和度。当饱和度低于 95% 时，应继续饱和。

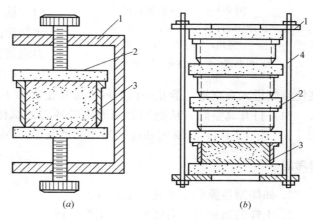

图 2-1-3　饱和器
（a）框式；（b）叠式
1—夹板；2—透水板；3—环刀；4—拉杆

1.6.3 试样的饱和度计算

$$S_r = \frac{(\rho_{sr} - \rho_d)G_s}{\rho_d e} \qquad (2\text{-}1\text{-}3)$$

或

$$S_r = \frac{w_{sr}G_s}{e} \qquad (2\text{-}1\text{-}4)$$

式中　S_r——试样的饱和度（%）；

　　　w_{sr}——试样饱和后的含水率（%）；

　　　ρ_{sr}——饱和后的密度（g/cm³）；

　　　ρ_d——试样的干密度（g/cm³）；

　　　G_s——土粒比重；

　　　e——试样的孔隙比。

1.6.4 抽气饱和法

（1）选用框式或叠式饱和器（图 2-1-3）和真空饱和装置（图 2-1-4）。在叠式饱和器

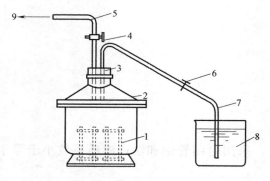

图 2-1-4　真空饱和装置

1—饱和器；2—真空缸；3—橡皮塞；

4—二通阀；5—排气管；6—管夹；

7—引水管；8—盛水器；9—接抽气机

夹板的正中，依次放置透水板、滤纸、带试样的环刀、滤纸、透水板，如此顺序重复，由下向上重叠到拉杆高度，将饱和器上夹板盖好后，拧紧拉杆上端的螺母，将各个环刀在上、下夹板间加紧。

（2）将装有试样的饱和器放入真空缸内，真空缸和盖之间涂一薄层凡士林，盖紧。将真空缸与抽气机接通，启动抽气机，当真空压力表读数接近当地一个大气压力值时（抽气时间不少于 1h），微开管夹，使清水徐徐注入真空缸，在注水过程中，真空压力表读数宜保持不变。

（3）待水淹没饱和器后停止抽气。开管夹使空气进入真空缸，静止一段时间，细粒土宜为 10h，使试样充分饱和。

（4）打开真空缸，从饱和器内取出带环刀的试样，称环刀和试样总质量，并采用式（2-1-3）或（2-1-4）计算饱和度。当饱和度低于 95% 时，应继续抽气饱和。

思考题

1. 如何制备原状土和扰动土试样？
2. 土样的饱和方法有哪些？适用性如何？

第 2 章　颗粒分析实验

2.1　概述

　　"土力学"课程中在"土的物理性质与工程分类"一章中"土的三相组成和土的结构"一节涉及这部分内容。土体是三相介质，由固体颗粒、水和气所组成，其中决定土体性质的是固体颗粒。土体固体颗粒的主要特征是颗粒大小、形状和矿物组成，而形状和矿物组成与固体颗粒的大小是有关系的，因此固体颗粒的大小是评价土体工程性质的最重要因素。土体的颗粒大小可以由颗粒分析实验来确定。颗粒分析实验结果是进行粗粒土分类定名的重要依据。

　　颗粒分析实验常用两种实验方法：筛分法和密度计法，其中筛分法适用于大于0.075mm 的颗粒，密度计法适用于不大于0.075mm 的颗粒。土体的颗粒分析实验结果采用颗粒级配曲线来表示。

　　本章所述的具体实验方法主要依据《土工试验方法标准》GB/T 50123—1999。

2.2　颗粒分析实验

2.2.1　筛分法

　　（1）本实验方法适用于粒径小于等于 60mm，大于 0.075mm 的土。

　　（2）本实验所用的主要仪器设备，应符合下列规定：

　　1）分析筛：

　　粗筛，孔径为 60、40、20、10、5、2mm；

　　细筛，孔径为 2.0、1.0、0.5、0.25、0.075mm。

　　2）天平：称量 5000g，最小分度值 1g；称量 1000g，最小分度值 0.1g；称量 200g，最小分度值 0.01g。

　　3）振筛机：筛析过程中应能上下震动。

　　4）其他：烘箱、研钵、瓷盘、毛刷等。

　　（3）筛析法的取样数量，应符合表 2-2-1 的规定。

　　（4）筛分法实验，应按下列步骤进行：

　　1）按表 2-2-1 的规定称取烘干试样质量，应准确至 0.1g，试样数量超过 500g 时，应准确至 1g。

颗粒尺寸(mm)	取样数量(g)
<2	100～300
<10	300～1000
<20	1000～2000
<40	2000～4000
<60	>4000

取样数量   表 2-2-1

2）将试样过 2mm 筛，称筛上和筛下的试样质量。当筛下试样质量小于试样总质量的 10% 时，不作细筛分析；筛上的试样质量小于试样总质量的 10% 时，不作粗筛分析。

3）取筛上的试样倒入依次叠好的粗筛中，筛下的试样倒入依次叠好的细筛中，进行筛分。细筛宜置于振筛机上震筛，震筛时间宜为 10～15min。再按由上而下的顺序将各筛取下，称各级筛上及底盘内试样的质量，应准确至 0.1g。

4）筛后各级筛上和筛底上试样质量的总和与筛前试样总质量的差值，不得大于试样总质量的 1%。

注：根据土的性质和工程要求可适当增减不同筛径的分析筛。

（5）含有细粒土颗粒的粗粒土的筛分法实验，应按下列步骤进行：

1）按表 2-2-1 的规定称取代表性烘干试样，置于盛水容器中充分搅拌，使试样的粗细颗粒完全分离。

2）将容器中的试样悬液通过 2mm 筛，取筛上的试样烘至恒量，称烘干试样质量，应准确至 0.1g，并采用第（4）条 3）、4）款的步骤进行粗筛分析，取筛下的试样悬液，用带橡皮头的研杵研磨，再过 0.075mm 筛，并将筛上试样烘至恒量，称烘干试样质量，应准确至 0.1g，然后按第（4）条 3）、4）款的步骤进行细筛分析。

3）当粒径小于 0.075mm 的试样质量大于试样总质量 10% 时，应按《土工试验方法标准》GB/T 50123—1999 密度计法或移液管法测定小于 0.075mm 的颗粒组成。

（6）小于某粒径的试样质量占试样总质量的百分比，应按下式计算：

$$X = \frac{m_A}{m_B} \cdot d_x \qquad (2-2-1)$$

式中 X——小于某粒径的试样质量占试样总质量的百分比（%）；

    m_A——小于某粒径的试样质量（g）；

    m_B——细筛分析时为所取的试样质量；粗筛分析时为试样总质量（g）；

    d_x——粒径小于 2mm 的试样质量占试样总质量的百分比（%）。

（7）以小于某粒径的试样质量占试样总质量的百分比为纵坐标，颗粒粒径为横坐标，在半对数坐标上绘制颗粒大小分布曲线，简称颗粒级配曲线，见图 2-2-1。

（8）必要时计算级配指标：不均匀系数和曲率系数。

1）不均匀系数按下式计算：

$$C_u = \frac{d_{60}}{d_{10}} \qquad (2-2-2)$$

式中 C_u——不均匀系数；

    d_{60}——限制粒径，颗粒级配曲线上的某粒径，小于该粒径的土粒含量占总质量

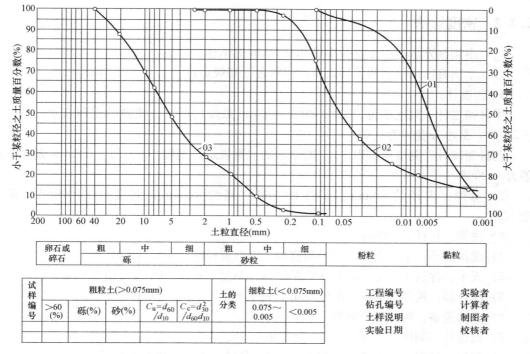

| 卵石或 | 粗 | | 中 | | 细 | 粗 | | 中 | 细 | | | |
| 碎石 | | 砾 | | | | | 砂粒 | | | 粉粒 | | 黏粒 |

试样编号	粗粒土（>0.075mm）					土的分类	细粒土（<0.075mm）	
	>60 (%)	砾(%)	砂(%)	$C_u=d_{60}/d_{10}$	$C_c=d_{30}^2/d_{60}d_{10}$		0.075～0.005	<0.005

工程编号　　　　实验者
钻孔编号　　　　计算者
土样说明　　　　制图者
实验日期　　　　校核者

图 2-2-1　颗粒级配曲线

　　　　的 60%；

d_{10}——有效粒径，颗粒级配曲线上的某粒径，小于该粒径的土粒含量占总质量的 10%。

2）曲率系数按下式计算：

$$C_c = \frac{d_{30}^2}{d_{10}d_{60}}$$　　　　　　　　　（2-2-3）

式中　C_c——曲率系数；

　　　d_{30}——颗粒级配曲线上的某粒径，小于该粒径的土粒含量占总质量的 30%。

（9）筛分法实验的记录格式见表 2-2-2。

颗粒大小分析实验记录（筛分法）　　　　　　　　　表 2-2-2

工程名称　　　　　　　　　实验者
工程编号　　　　　　　　　计算者
实验日期　　　　　　　　　校核者

	风干土质量＝		g	小于 0.075mm 的土占总土质量百分数＝		%
	2mm 筛上土质量＝		g	小于 2mm 的土占总土质量百分数 d_x＝		%
	2mm 筛下土质量＝		g	细筛分析时所取试样质量＝		g

筛号	孔径（mm）	累计留筛土质量(g)	小于该孔径的土质量(g)	小于该孔径的土质量百分数（%）	小于该孔径的总土质量百分数（%）
底盘总计					

2.2.2 密度计法

（1）本实验方法适用于粒径小于 0.075mm 的试样。

（2）本实验所用的主要仪器设备，应符合下列规定：

1）密度计：

甲种密度计，刻度单位以 20℃ 时每 1000ml 悬液内所含土质量的克数表示，刻度为 −5～50，最小分度值为 0.5。

乙种密度计，刻度单位以 20℃ 时悬液的比重表示，刻度为 0.995～1.020，最小分度值为 0.0002。

2）量筒：内径约 60mm，容积 1000mL，高约 420mm；刻度 0～1000mL，准确至 10mL。

3）洗筛：孔径 0.075mm。

4）洗筛漏斗：上口直径大于洗筛直径，下口直径略小于量筒内径。

5）天平：称量 1000g，最小分度值 0.1g；称量 200g，最小分度值 0.01g。

6）搅拌器：轮径 50mm，孔径 3mm，杆长约 450mm，带螺旋叶。

7）煮沸设备：附冷凝管装置。

8）温度计：刻度 0～50℃，最小分度值 0.5℃。

9）其他：秒表、锥形瓶（容积 500mL），研钵、木杵、电导率仪等。

（3）本实验所用试剂，应符合下列规定：

1）4％六偏磷酸钠溶液：溶解 4g 六偏磷酸钠（$NaPO_3$）$_6$于 100mL 水中。

2）5％酸性硝酸银溶液：溶解 5g 硝酸银（$AgNO_3$）于 100mL 的 10％硝酸（HNO_3）溶液中。

3）5％酸性氯化钡溶液：溶解 5g 氯化钡（$BaCl_2$）于 100mL 的 10％盐酸（HCl）溶液中。

（4）密度计法实验，应按下列步骤进行：

1）实验的试样，宜采用风干试样。当试样中易溶盐含量大于 0.5％时，应洗盐。易溶盐含量的检验方法可用电导法或目测法：

a. 电导法，按电导率仪使用说明书操作测定温度 T℃ 时，试样溶液（土水比为 1：5）的电导率，并按下式计算 20℃ 时的电导率：

$$K_{20} = \frac{K_T}{1+0.02(T-20)} \tag{2-2-4}$$

式中　K_{20}——20℃时悬液的电导率（$\mu s/cm$）；

　　　K_T——T℃时悬液的电导率（$\mu s/cm$）；

　　　T——测定时悬液的温度（℃）。

当 K_{20} 大于 $1000\mu s/cm$ 时应洗盐。

b. 目测法：取风干试样 3g 于烧杯中，加适量纯水调成糊状研散，再加纯水 25mL，煮沸 10min，冷却后移入试管中，放置过夜，观察试管，出现凝聚现象应洗盐。

c. 洗盐方法：按式（2-2-6）计算，称取干土质量为 30g 的风干试样质量，准确至 0.01g，倒入 500mL 的锥形瓶中，加纯水 200mL，搅拌后用滤纸过滤或抽气过滤，并用纯水洗滤到滤液的电导率 K_{20} 小于 $1000\mu s/cm$（或对 5％酸性硝酸银溶液和 5％酸性氯化钡溶液无白色沉淀反应）为止，滤纸上的试样按本步骤第 4）款步骤进行操作。

2）称取具有代表性风干试样 200～300g，过 2mm 筛，求出筛上试样占试样总质量的百分比。取筛下土测定试样风干含水率。

3）试样干质量为 30g 的风干试样质量按下式计算：

当易溶盐含量小于 1％时，

$$m_0=30(1+0.01w_0) \tag{2-2-5}$$

当易溶盐含量大于等于 1％时，

$$m_0=\frac{30(1+0.01w_0)}{1-0.01W} \tag{2-2-6}$$

式中 w_0——风干试样的含水率（％）；

　　W——易溶盐含量（％）；

4）将风干试样或洗盐后在滤纸上的试样，倒入 500mL 锥形瓶，注入纯水 200mL，浸泡过夜，然后置于煮沸设备上煮沸，煮沸时间宜为 40min。

5）将冷却后的悬液移入烧杯中，静置 1min，通过洗筛漏斗将上部悬液过 0.075mm 筛，遗留杯底沉淀物用带橡皮头研杵研散，再加适量水搅拌，静置 1min，再将上部悬液过 0.075mm 筛，如此重复冲洗（每次冲洗后，最后所得悬液不得超过 1000mL）直至杯底砂粒洗净，将筛上和杯中砂粒合并洗入蒸发皿中，倾去清水，烘干，称量并按第 2.2.1 节（4）条 3）、4）款的步骤进行细筛分析，并计算各级颗粒占试样总质量的百分比。

6）将过筛悬液倒入量筒，加入 4％六偏磷酸钠 10mL，再注入纯水至 1000mL。对加入六偏磷酸钠后仍产生凝聚的试样应选用其他分散剂。

7）将搅拌器放入量筒中，沿悬液深度上下搅拌 1min，取出搅拌器，立即开动秒表，将密度计放入悬液中，测记 0.5、1、2、5、15、30、60、120 和 1440min 时的密度计读数。每次读数均应在预定时间前 10～20s，将密度计放入悬液中，且接近读数的深度，保持密度计浮泡处在量筒中心，不得贴近量筒内壁。

8）密度计读数均以弯液面上缘为准。甲种密度计应准确至 0.5，乙种密度计应准确至 0.0002。每次读数后，应取出密度计放入盛有纯水的量筒中，并应测定相应的悬液温度，准确至 0.5℃，放入或取出密度计时，应小心轻放，不得扰动悬液。

（5）小于某粒径的试样质量占试样总质量的百分比计算

1）甲种密度计：

$$X=\frac{100}{m_d}C_G(R+m_T+n-C_D) \tag{2-2-7}$$

式中 X——小于某粒径的试样质量百分比（％）；

　　m_d——试样干质量（g）；

　　C_G——土粒比重校正值，查表 2-2-3；

　　m_T——悬液温度校正值，查表 2-2-4；

　　n——弯液面校正值，见本条 3）款的说明；

　　C_D——分散剂校正值，见本条 4）款的说明；

R——甲种密度计读数。

2）乙种密度计：

$$X=\frac{100V_X}{m_d}C'_G\left[(R'-1)+m'_T+n'-C'_D\right]\rho_{w20} \tag{2-2-8}$$

式中　C'_G——土粒比重校正值，查表 2-2-3；

　　　m'_T——悬液温度校正值，查表 2-2-4；

　　　n'——弯液面校正值，见本条 3）款的说明；

　　　C'_D——分散剂校正值，见本条 4）款的说明；

　　　R'——乙种密度计读数；

　　　V_X——悬液体积（=1000mL）；

　　　ρ_{w20}——20℃纯水的密度（=0.998232g/cm³）。

土粒比重校正表　　　　　　　　　　　　　　　　　表 2-2-3

土粒比重	比重校正值	
	甲种密度计(C_G)	乙种密度计(C'_G)
2.50	1.038	1.666
2.52	1.032	1.658
2.54	1.027	1.649
2.56	1.022	1.641
2.58	1.017	1.632
2.60	1.012	1.625
2.62	1.007	1.617
2.64	1.002	1.609
2.66	0.998	1.603
2.68	0.993	1.595
2.70	0.989	1.588
2.72	0.985	1.581
2.74	0.981	1.575
2.76	0.977	1.568
2.78	0.973	1.562
2.80	0.969	1.556
2.82	0.965	1.549
2.84	0.961	1.543
2.86	0.958	1.538

温度校正值表　　　　　　　　　　　　　　　　　表 2-2-4

悬液温度（℃）	甲种密度计温度校正值 m_T	乙种密度计温度校正值 m'_T	悬液温度（℃）	甲种密度计温度校正值 m_T	乙种密度计温度校正值 m'_T
10.0	−2.0	−0.0012	20.5	+0.1	+0.0001
10.5	−1.9	−0.0012	21.0	+0.3	+0.0002
11.0	−1.9	−0.0012	21.5	+0.5	+0.0003
11.5	−1.8	−0.0011	22.0	+0.6	+0.0004
12.0	−1.8	−0.0011	22.5	+0.8	+0.0005
12.5	−1.7	−0.0010	23.0	+0.9	+0.0006
13.0	−1.6	−0.0010	23.5	+1.1	+0.0007
13.5	−1.5	−0.0009	24.0	+1.3	+0.0008

悬液温度（℃）	甲种密度计温度校正值 m_T	乙种密度计温度校正值 m'_T	悬液温度（℃）	甲种密度计温度校正值 m_T	乙种密度计温度校正值 m'_T
14.0	−1.4	−0.0009	24.5	+1.5	+0.0009
14.5	−1.3	−0.0008	25.0	+1.7	+0.0010
15.0	−1.2	−0.0008	25.5	+1.9	+0.0011
15.5	−1.1	−0.0007	26.0	+2.1	+0.0013
16.0	−1.0	−0.0006	26.5	+2.2	+0.0014
16.5	−0.9	−0.0006	27.0	+2.5	+0.0015
17.0	−0.8	−0.0005	27.5	+2.6	+0.0016
17.5	−0.7	−0.0004	28.0	+2.9	+0.0018
18.0	−0.5	−0.0003	28.5	+3.1	+0.0019
18.5	−0.4	−0.0003	29.0	+3.3	+0.0021
19.0	−0.3	−0.0002	29.5	+3.5	+0.0022
19.5	−0.1	−0.0001	30.0	+3.7	+0.0023
20.0	0.0	0.0000			

3）弯液面校正。实验时密度计的读数是以弯液面的上缘为准的，而密度计制造时其刻度是以弯液面的下缘为准，因此应对密度计的弯液面进行校正。将密度计放于 20℃ 纯水量筒中，求出弯液面上、下缘读数之差即为弯液面校正值。

4）分散剂校正。在用密度计读数时，若在悬液中加入分散剂，则应考虑分散剂对密度计读数的影响。具体操作如下：

将纯水注入量筒，然后加入与实验时品种及用量一致的分散剂，使量筒溶液达 1000mL。用搅拌器在量筒内沿整个深度上下搅拌均匀，恒温至 20℃。然后将密度计放入溶液中，测记密度计读数。此时密度计的读数与在 20℃ 时纯水中读数之差，即为分散剂校正值。即分散剂校正值为

$$C_D(C'_D)=R'_{D20}-R'_{w20} \tag{2-2-9}$$

式中　$C_D(C'_D)$——分散剂校正值；

　　　R'_{D20}——加入分散剂溶液密度计的读数；

　　　R'_{w20}——20℃纯水中密度计的读数。

（6）试样颗粒粒径计算

1）试样颗粒粒径按下式计算

$$d=\sqrt{\frac{1800\times10^4 \cdot \eta}{(G_s-G_{wT})\rho_{wT}g} \cdot \frac{L}{t}} \tag{2-2-10}$$

式中　d——试样颗粒粒径（mm）；

　　　η——水的动力黏滞系数（kPa·s×10^{-6}），查表 2-9-1；

　　　G_{wT}——T℃时水的比重；

　　　ρ_{wT}——4℃纯水的密度（g/cm^3）。

　　　L——某一时间内的土粒沉降距离（cm），具体取值确定参看本条第 3）款；

　　　t——沉降时间（s）；

　　　g——重力加速度（cm/s^2）。

2) 为了简化计算，式（2-2-10）可写成

$$d = K\sqrt{\dfrac{L}{t}} \qquad\qquad (2\text{-}2\text{-}11)$$

式中　K——粒径计算系数（$=\sqrt{\dfrac{1800\times10^4 \cdot \eta}{(G_s - G_{wT})\rho_{wT}g}}$），与悬液温度和土粒比重有关，其值可查表 2-2-5。

粒径计算系数 K 值表　　　　　　　　　表 2-2-5

温度 （℃）	土粒比重								
	2.45	2.50	2.55	2.60	2.65	2.70	2.75	2.80	2.85
5	0.1385	0.1360	0.1339	0.1318	0.1298	0.1279	0.1261	0.1243	0.1226
6	0.1365	0.1342	0.1320	0.1299	0.1280	0.1261	0.1243	0.1225	0.1208
7	0.1344	0.1321	0.1300	0.1280	0.1260	0.1241	0.1224	0.1206	0.1189
8	0.1324	0.1302	0.1281	0.1260	0.1241	0.1223	0.1205	0.1188	0.1182
9	0.1305	0.1283	0.1262	0.1242	0.1224	0.1205	0.1187	0.1171	0.1164
10	0.1288	0.1267	0.1247	0.1227	0.1208	0.1189	0.1173	0.1156	0.1141
11	0.1270	0.1249	0.1229	0.1209	0.1190	0.1173	0.1156	0.1140	0.1124
12	0.1253	0.1232	0.1212	0.1193	0.1175	0.1157	0.1140	0.1124	0.1109
13	0.1235	0.1214	0.1195	0.1175	0.1158	0.1141	0.1124	0.1109	0.1104
14	0.1221	0.1200	0.1180	0.1162	0.1149	0.1127	0.1111	0.1095	0.1000
15	0.1205	0.1184	0.1165	0.1148	0.1130	0.1113	0.1096	0.1081	0.1067
16	0.1189	0.1169	0.1150	0.1132	0.1115	0.1098	0.1083	0.1067	0.1053
17	0.1173	0.1154	0.1135	0.1118	0.1100	0.1085	0.1069	0.1047	0.1039
18	0.1159	0.1140	0.1121	0.1103	0.1086	0.1071	0.1055	0.1040	0.1026
19	0.1145	0.1125	0.1108	0.1090	0.1073	0.1058	0.1031	0.1088	0.1014
20	0.1130	0.1111	0.1093	0.1075	0.1059	0.1043	0.1029	0.1014	0.1000
21	0.1118	0.1099	0.1081	0.1064	0.1043	0.1033	0.1018	0.1003	0.0990
22	0.1103	0.1085	0.1067	0.1050	0.1035	0.1019	0.1004	0.0990	0.09767
23	0.1091	0.1072	0.1055	0.1038	0.1023	0.1007	0.09930	0.09793	0.09659
24	0.1078	0.1061	0.1044	0.1028	0.1012	0.09970	0.09823	0.09600	0.09555
25	0.1065	0.1047	0.1031	0.1014	0.09990	0.09839	0.09701	0.09566	0.09434
26	0.1054	0.1035	0.1019	0.1003	0.09897	0.09731	0.09592	0.09455	0.09327
27	0.1041	0.1024	0.1007	0.09915	0.09767	0.09623	0.09482	0.09349	0.09225
28	0.1032	0.1014	0.09975	0.09818	0.09670	0.09529	0.09391	0.09257	0.09132
29	0.1019	0.1002	0.09859	0.09706	0.09555	0.09413	0.09279	0.09144	0.09028
30	0.1008	0.09910	0.09752	0.09597	0.09450	0.09311	0.09176	0.09050	0.08927

3）土粒沉降距离校正

密度计的读数，除表示悬液密度外，同时表示土粒的沉降深度，即悬液面至密度计浮泡体积中心的距离。但在实验时，当密度计放入悬液后，液面会升高，致使土粒沉降距离会比实际的大，因此需要校正，具体步骤如下：

a. 测定密度计浮泡体积。在 250mL 量筒内倒入约 130mL 纯水，并保持水温为 20℃，测定量筒内水面读数后划一标记。将密度计放入量筒中，使水面达密度计最低分度处，同时测记水面在量筒上的读数后再划一标记，两者之差即为密度计浮泡的体积。以上所有读数都以弯液面上缘为准，并准确至 1mL。

b. 测定密度计浮泡体积中心。在测定密度计浮泡体积后，将密度计向上缓缓垂直提起，使水面恰落至两标记的中间，此时水面与浮泡相切（以弯液面上缘为准）处即为浮泡体积中心。将密度计固定于三脚架上，用直尺准确量出水面至密度计最低分度的垂直距离。

c. 测定 1000mL 量筒内径，准确至 1mm，并算出量筒面积。

d. 量出自密度计最低分度至玻璃杆上各分度处的距离，每隔 5 格或 10 格量距 1 次。

e. 按式（2-2-12）计算土粒有效沉降距离：

$$L = L' - \frac{V_b}{2A} = L_1 + \left(L_0 - \frac{V_b}{2A}\right) \tag{2-2-12}$$

式中　L——土粒有效沉降距离（cm）；

　　　L_1——最低刻度至玻璃杆上各分度的距离（cm）；

　　　L_0——密度计浮泡中心至最低分度的距离（cm）；

　　　V_b——密度计浮泡体积（cm³）；

　　　A——1000mL 量筒面积（cm²）。

各参数含义和相互关系详见图 2-2-2。

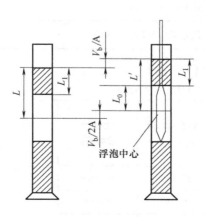

图 2-2-2　土粒有效沉降距离校正图

f. 根据所使用的甲种密度计或乙种密度计，计算和绘制密度计读数与土粒有效沉降距离的关系曲线。甲种密度计沉降距离校正的计算表和曲线见表 2-2-6 和图 2-2-3，乙种密度计沉降距离校正的计算表和曲线见表 2-2-7 和图 2-2-4。

土粒沉降距离校正计算表（甲种密度计）　　　　　表 2-2-6

校正者	计算者	校核者	校正日期

密度计编号　　甲$_3$	量筒编号　　1 号
密度计浮泡体积 $V_b = 86cm^3$	量筒内径 $D = 6.79cm$
密度计浮泡中心至最低分度距离 $L_0 = 8.6cm$	量筒面积 $A = 36.19cm^2$
$L = L_1 + \left(L_0 - \dfrac{V_b}{2A}\right)$ $= L_1 + (8.6 - 1.19) = L_1 + 7.41$	弯液面校正值（$n = -1.2$）

密度计刻度	由最低分度至各分度距离 L_1(cm)	土粒有效沉降距离 L(cm)	密度计读数 R_H
0	10.58	17.99	-1.2
10	8.41	15.82	8.8
0	6.35	13.76	18.8
30	4.22	11.63	28.8
40	2.02	9.43	38.8
50	0	7.41	48.8

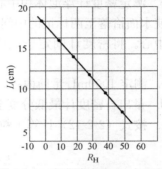

图 2-2-3　密度计读数 R_H 与土粒
有效沉降距离 L 关系图

土粒沉降距离校正计算表（乙种密度计）　　　　　表 2-2-7

校正者	计算者	校核者	校正日期

密度计编号　　乙$_3$	量筒编号　　9 号
密度计浮泡体积 $V'_b = 60.0cm^3$	量筒内径 $D = 6.63cm$
密度计浮泡中心至最低分度距离 $L'_0 = 8.8cm$	量筒面积 $A = 34.52cm^2$
$L' = L'_1 + \left(L'_0 - \dfrac{V'_b}{2A}\right)$ $= L'_1 + (8.8 - 0.869) = L'_1 + 7.931$	弯液面校正值 $n' = -0.0004$

密度计刻度	由最低分度至各分度距离 L'_1(cm)	土粒有效沉降距离 L'(cm)	密度计读数 R'_H
0.995	14.480	22.411	0.9946
1.000	11.651	19.582	0.9996
1.005	8.759	16.690	1.0046
1.010	5.863	13.794	1.0096
1.015	2.910	10.841	1.0146
1.020	0	7.937	1.0196

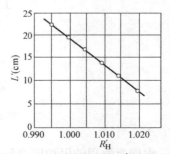

图 2-2-4　密度计读数 R'_H 与土粒
有效沉降距离 L' 关系图

（7）颗粒级配曲线，应按本章第 2.2.1 节（7）条的步骤绘制，当密度计法和筛析法联合分析时，应将试样总质量折算后绘制颗粒级配曲线；并应将两段曲线连成一条平滑的曲线，见图 2-2-1。

（8）密度计法实验的记录格式见表 2-2-8。

颗粒大小分析实验记录（密度计法）　　　　　　　　　　　　　　表 2-2-8

工程名称	风干土质量＝　　g	实验者
工程编号		计算者
实验日期	干土总质量＝　30g	校核者

小于 0.075mm 颗粒土质量百分数＝　　　%	密度计号
湿土质量	量筒号
含水率	烧瓶号
干土质量	土粒比重
含盐量	比重校正值
试样处理说明	弯液面校正值

| 实验时间 | 下沉时间 t(min) | 悬液温度 T（℃） | 密度计读数 | | | | | 土粒落距 L（cm） | 粒径 d（mm） | 小于某粒径的土质量百分数（%） | 小于某粒径的总土质量百分数（%） |
			密度计读数 R	温度校正值 m_T	分散剂校正值 C_D	$R_M = R + m + n - C_D$	$R_H = R_M \times C_G$				

思考题

1. 颗粒分析的实验方法有哪些？各适用于什么类型的土？
2. 颗粒分析实验结果如何表示？

第3章 含水率实验

3.1 概述

"土力学"课程中在"土的物理性质与工程分类"一章中"土的物理性质指标"一节涉及这部分内容，含水率是土体的基本物理性质实验指标之一，该指标只能通过实验测定。与土粒比重、天然密度合称为土的直接实验指标，是确定土的其他物理性质指标的重要基础实验指标。在界限含水率实验中也需要利用该方法测定土体在不同条件下的含水率。

含水率的定义是土中水的质量与土粒质量的比值，常以百分数表示，是与土体的干湿和软硬等物理性质有关的指标。

含水率实验有多种实验方法，这里仅介绍烘干法。

本章所述的具体实验方法主要依据《土工试验方法标准》GB/T 50123—1999。

3.2 含水率实验

（1）本实验方法适用于粗粒土、细粒土、有机质土和冻土。

（2）本实验所用的主要仪器设备，应符合下列规定：

1）电热烘箱：应能控制温度为 105～110℃。

2）天平：称量 200g，最小分度值 0.01g；称量 1000g，最小分度值 0.1g。

（3）含水率实验，应按下列步骤进行：

1）取具有代表性试样 15～30g 或用环刀中的试样，有机质土、砂类土和整体状构造冻土为 50g，放入称量盒内，盖上盒盖，称盒加湿土质量，准确至 0.01g。

2）打开盒盖，将盒置于烘箱内，在 105～110℃ 恒温下烘至恒量。烘干时间对黏性土、粉土不得少于 8h，对砂土不得少于 6h，对含有机质超过干土质量 5% 的土，应将温度控制在 65～70℃ 的恒温下烘至恒重。

3）将称量盒从烘箱中取出，盖上盒盖，放入干燥容器内冷却至室温，称盒加干土质量，准确至 0.01g。

（4）试样的含水率，应按下式计算，准确至 0.1%。

$$w_0 = \left(\frac{m_0}{m_d} - 1\right) \times 100 \tag{2-3-1}$$

式中 m_d——干土质量（g）；

m_0——湿土质量（g）。

（5）对层状和网状构造的冻土含水率实验应按下列步骤进行：用四分法切取 $200\sim500g$ 试样（视冻土结构均匀程度而定，结构均匀少取，反之多取）放入搪瓷盘中，称盘和试样质量，准确至0.1g。

待冻土试样融化后，调成均匀糊状（土太湿时，多余的水分让其自然蒸发或用吸球吸出，但不得将土粒带出；土太干时，可适当加水），称土糊和盘质量，准确至0.1g。从糊状土中取样测定含水率（为区别起见，称此种状态下的含水率为糊状试样的含水率 w_h），其实验步骤和计算按本实验第（3）、（4）条进行。

（6）层状和网状冻土的含水率，应按下式计算，准确至0.1%。

$$w=\left[\frac{m_1}{m_2}(1+0.01w_h)-1\right]\times100 \tag{2-3-2}$$

式中　w——含水率（%）；

m_1——冻土试样质量（g）；

m_2——糊状试样质量（g）；

w_h——糊状试样的含水率（%）。

（7）本实验必须对两个试样进行平行测定，测定的差值：当含水率小于40%时为1%；当含水率大于等于40%时为2%。取两个测值的平均值，以百分数表示。

（8）含水率实验的记录格式如表2-3-1所示。

含水率实验记录　　　　　　　　　　　　　　　　　表 2-3-1

工程名称　　　　　　　　　　实验者
工程编号　　　　　　　　　　计算者
实验日期　　　　　　　　　　校核者

试样编号	盒号	盒质量（g）	盒加湿土质量(g)	盒加干土质量(g)	湿土质量（g）	干土质量（g）	含水率（%）	平均含水率(%)

思考题

1. 烘干法测含水率时，烘箱的温度及烘干时间是如何规定的？

2. 层状和网状构造的冻土含水率如何测定？

第4章 密度实验

4.1 概述

"土力学"课程中在"土的物理性质与工程分类"一章中"土的物理性质指标"一节涉及这部分内容，天然密度也是土体的基本物理性质实验指标之一，只能通过实验测定，和土粒比重、含水率合称为土的直接实验指标，是确定土的其他物理性质指标的重要基础实验指标。土体天然状态下为非饱和状态，测定的密度常称为湿密度；在天然状态下为饱和状态，测定的密度即为饱和密度。

密度的定义是土体的质量与土体的体积的比值，即单位土体体积中土的质量，以 g/cm³ 或 t/m³ 为单位。它是与土体的轻重、松密等物理性质有关的指标。

密度实验有多种实验方法：环刀法、灌水法和灌砂法是常用的实验方法，这里仅介绍适用于细粒土的环刀法和适用于野外密度实验的灌水法。

本章所述的具体实验方法主要依据《土工试验方法标准》GB/T 50123—1999。

4.2 密度实验

4.2.1 环刀法

(1) 本实验方法适用于细粒土。

(2) 本实验所用的主要仪器设备，应符合下列规定：

1) 环刀：内径 61.8mm，高 20mm。

2) 天平：称量 500g，最小分度值 0.1g；称量 200g，最小分度值 0.01g。

(3) 环刀法测定密度，应按本实验教程第二篇 1.4 节 (2) 的步骤进行。

(4) 试样的湿密度，应按下式计算：

$$\rho = \frac{m}{V} \tag{2-4-1}$$

式中　ρ——试样的湿密度（g/cm³），准确到 0.01g/cm³；

　　　m——湿土质量（g）；

　　　V——环刀容积（cm³）。

(5) 试样的干密度，应按下式计算：

$$\rho_d = \frac{\rho}{1 + 0.01w} \tag{2-4-2}$$

（6）本实验应进行两次平行测定，两次测定的差值不得大于 0.03g/cm³，取两次测值的平均值。

（7）环刀法实验的记录格式见表 2-4-1。

密度实验记录（环刀法）　　　　　　　　表 2-4-1

工程名称　　　　　　　　　　　实验者
工程编号　　　　　　　　　　　计算者
实验日期　　　　　　　　　　　校核者

试样编号	环刀号	湿土质量（g）	试样体积（cm³）	湿密度（g/cm³）	试样含水率(%)	干密度（g/cm³）	平均湿密度（g/cm³）	平均干密度（g/cm³）

4.2.2　灌水法

（1）本实验方法适用于现场测定粗粒土的天然密度。

（2）本实验所用的主要仪器设备，应符合下列规定：

1）储水筒：直径应均匀，并附有刻度及出水管。

2）台秤：称量 50kg，最小分度值 10g。

（3）灌水法实验，应按下列步骤进行：

1）根据试样最大粒径，确定试坑尺寸，见表 2-4-2。

2）将选定实验处的试坑地面整平，除去表面松散的土层。

3）按确定的试坑直径划出坑口轮廓线，在轮廓线内下挖至要求深度，边挖边将坑内的试样装入盛土容器内，称试样质量，准确到 10g，并应测定试样的含水率。

试坑尺寸（mm）　　　　　　　　　　表 2-4-2

试样最大粒径	试坑尺寸	
	直径	深度
5（20）	150	200
40	200	250
60	250	300

4）试坑挖好后，放上相应尺寸的环套，用水准尺找平，将大于试坑容积的塑料薄膜袋平铺于试坑内，翻过环套压住薄膜四周。

5）记录储水筒内初始水位高度，拧开储水筒出水管开关，将水缓慢注入塑料薄膜袋中。当袋内水面接近环套边缘时，将水流调小，直至袋内水面与环套边缘齐平时关闭出水管，持续 3～5min，记录储水筒内水位高度。当袋内出现水面下降时，应另取塑料袋重做实验。

（4）试坑的体积，应按下式计算：

$$V_P = (H_1 - H_2) \times A_w - V_0 \qquad (2\text{-}4\text{-}3)$$

式中　V_P——试坑体积（cm³）；

　　　H_1——储水筒内初始水位高度（cm）；

H_2——储水筒内注水终了时水位高度（cm）；

A_w——储水筒断面积（cm^2）；

V_0——环套体积（cm^3）。

（5）试样的密度，应按下式计算：

$$\rho = \frac{m_p}{V_p}$$ (2-4-4)

式中　m_p——取至试坑内的试样质量（g）。

（6）灌水法实验的记录格式见表 2-4-3。

密度实验记录（灌水法）　　表 2-4-3

工程名称　　　　　　　　　　　实验者
工程编号　　　　　　　　　　　计算者
实验日期　　　　　　　　　　　校核者

试坑编号	储水筒水位(cm)		储水筒断面积(cm^2)	试坑体积(cm^3)	试样质量(g)	湿密度(g/cm^3)	含水率(%)	干密度(g/cm^3)
	初始	终了						
	(1)	(2)	(3)	(4)=[(2)-(1)]×(3)	(5)	(6)=(5)/(4)	(7)	(8)=(6)/[1+0.01(7)]

思考题

1. 环刀法测密度适用于什么样的土？
2. 现场如何测定粗粒土的密度？

第5章　土粒比重实验

5.1　概述

　　"土力学"课程中在"土的物理性质和工程分类"一章中"土的物理性质指标"一节涉及这部分内容，土粒比重也是土体的基本物理性质实验指标之一，只能通过实验测定，和含水率、天然密度合称为土的直接实验指标，是确定土的其他物理性质指标的重要基础实验指标。

　　土粒比重的定义是土粒质量与同体积4℃纯水的质量之比，无量纲量。土粒比重是土粒所固有的属性所决定的，与土体所处状态无关。

　　土粒比重实验也有多种实验方法：比重瓶法、浮称法和虹吸管法，其中比重瓶法是常用的实验方法，这里仅介绍比重瓶法。

　　本章所述的具体实验方法主要依据《土工试验方法标准》GB/T 50123—1999。

5.2　土粒比重实验

5.2.1　一般规定

　　（1）对小于5mm颗粒组成的土，应采用比重瓶法测定比重；大于等于5mm土颗粒组成的土，应采用浮称法和虹吸管法测定比重。

　　（2）土颗粒的平均比重，应按下式计算：

$$G_{sm} = \frac{1}{\dfrac{P_1}{G_{s1}} + \dfrac{P_2}{G_{s2}}}$$

(2-5-1)

　　式中　G_{sm}——土颗粒平均比重；

　　　　　G_{s1}——粒径大于等于5mm的土颗粒比重；

　　　　　G_{s2}——粒径小于5mm的土颗粒比重；

　　　　　P_1——粒径大于等于5mm的土颗粒质量占试样总质量的百分比（%）；

　　　　　P_2——粒径小于5mm的土颗粒质量占试样总质量的百分比（%）。

　　（3）本实验必须进行两次平行测定，两次测定的差值不得大于0.02，取两次测值的平均值。

5.2.2 比重瓶法

（1）本实验方法适用于粒径小于 5mm 的各类土。

（2）本实验所用的主要仪器设备，应符合下列规定：

1）比重瓶：容积 1000mL，或 500mL，分长颈和短颈两种。

2）恒温水槽：准确度应为 ±1℃。

3）砂浴：应能调节温度。

4）天平：称量 200g，最小分度值 0.001g。

5）温度计：刻度为 0～50℃，最小分度值 0.5℃。

（3）比重瓶的校准，应按下列步骤进行：

1）将比重瓶洗净、烘干，置于干燥器内，冷却后称量，准确至 0.001g。

2）将煮沸经冷却的纯水注入比重瓶。对长颈比重瓶注水至刻度处；对短颈比重瓶应注满纯水，塞紧瓶塞，多余水自瓶塞毛细管中溢出，将比重瓶放入恒温水槽直至瓶内水温恒定。取出比重瓶，擦干外壁，称瓶、水总质量，准确至 0.001g。测定恒温水槽内水温，准确至 0.5℃。

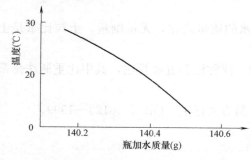

图 2-5-1　温度和瓶、水质量关系曲线

3）调节数个恒温水槽内的温度，温度差宜为 5℃，测定不同温度下的瓶、水总质量。每个温度时均应进行两次平行测定，两次测定的差值不得大于 0.002g，取两次测值的平均值。绘制温度与瓶加水质量的关系曲线，见图 2-5-1。

（4）比重瓶法试样制备，应按本实验教程第二篇 1.5.1 节的（1）、（2）步骤进行。

（5）比重瓶法实验，应按下列步骤进行：

1）将比重瓶烘干。称烘干试样 15g（当用 50mL 的比重瓶时，称烘干试样 10g）装入比重瓶，称试样和瓶的总质量，准确至 0.001g。

2）为排除土中的空气，向比重瓶内注入半瓶纯水，摇动比重瓶，并放在砂浴上煮沸，煮沸时间自悬液沸腾时算起，砂及砂质粉土不应少于 30min，黏性土、粉土不得少于 1h。沸腾后应调节砂浴温度，比重瓶内悬液不得溢出。

3）将煮沸经冷却的纯水注入装有试样悬液的比重瓶。当用长颈比重瓶时注纯水至刻度处；当用短颈比重瓶时应将纯水注满，塞紧瓶塞，多余的水分自瓶塞毛细管中溢出。将比重瓶置于恒温水槽至温度稳定，且瓶内上部悬液澄清。取出比重瓶，擦干瓶外壁，称比重瓶、水、试样总质量，准确至 0.001g。并应测定瓶内的水温，准确至 0.5℃。

4）从温度与瓶加水质量的关系曲线中查得各实验温度下的瓶加水质量。

5）对含有可溶盐、有机质和亲水性胶体的土必须用中性液体（煤油）代替纯水，此时不能用煮沸法排气，而要采用真空抽气法排气。真空表读数宜接近当地一个大气负压值，从达到一个大气负压值时算起，抽气时间不得少于 1h，直到悬液内无气泡逸出时为止，其余步骤按 3）、4）规定进行。

（6）土粒的比重，应按下式计算（应计算至 0.001）：

40

$$G_s = \frac{m_d}{m_1 + m_d - m_2} \cdot G_{wT} (或 G_{kT}) \qquad (2\text{-}5\text{-}2)$$

式中　m_d——干土质量（g）；

　　　m_1——比重瓶、水（或中性液体）总质量（g）；

　　　m_2——比重瓶、水（或中性液体）、试样总质量（g）；

　　　G_{wT}——T℃时纯水的比重，可查物理手册得到，准确至 0.001；

　　　G_{kT}——T℃时中性液体的比重，应实测得到，准确至 0.001。

（7）比重瓶法实验的记录格式见表 2-5-1。

比重实验记录（比重瓶法） 表 2-5-1

工程名称　　　　　　　　　　实验者

工程编号　　　　　　　　　　计算者

实验日期　　　　　　　　　　校核者

试样编号	比重瓶号	温度（℃）	液体比重查表 $G_{wT}(G_{kT})$	比重瓶质量（g）	干土质量 m_d(g)	瓶加液体质量 m_1(g)	瓶加液体加干土总质量 m_2(g)	与干土同体积的液体质量(g)	比重 G_s	平均值
		(1)	(2)	(3)	(4)	(5)	(6)	(7)=(4)+(5)-(6)	(8)=(4)×(2)/(7)	(9)

思考题

1. 比重瓶法适用性如何？

2. 比重瓶法实验中应注意哪些问题？

第6章 砂的相对密实度实验

6.1 概述

"土力学"课程中在"土的物理性质与工程分类"一章中的"土的物理状态指标"一节涉及这部分内容。土体的物理性质和物理状态决定土体的工程力学性质，对于黏性土体的物理状态是指稠度状态，即软硬程度；对于无黏性土的物理状态主要是指松密程度。

尽管孔隙比是描述土体的松密程度的基本指标，对于同一土体孔隙比越大意味着越疏松，但是孔隙比不能反映土体的级配影响，不同级配的土体尽管孔隙比相同，但并不意味着它们的密实度相同。因此测定砂土的最大和最小孔隙比，即确定该种砂土最疏松状态——最小干密度对应最大孔隙比，以及最密实状态——最大干密度对应最小孔隙比，再根据天然孔隙比计算相对密实度 D_r（也称相对密度或相对紧密度），可以确定砂土的松密程度。显然，天然孔隙比接近最大孔隙比，则处于最疏松状态；接近最小孔隙比，则处于最密实状态。因此，砂土的相对密实度实验其实质是确定砂土的最大和最小干密度，再结合土粒比重也可以计算得到砂土的最大和最小孔隙比。

相对密实度实验分为最小干密度和最大干密度实验，其中最小干密度采用漏斗法和量筒法，最大干密度采用振动锤击法。

本章所述的具体实验方法主要依据《土工试验方法标准》GB/T 50123—1999。

6.2 砂的相对密实度实验

6.2.1 一般规定

（1）本实验方法适用于粒径不大于 5mm 的土，且粒径 2~5mm 的试样质量不大于试样总质量的 15%。

（2）砂的相对密实度实验是进行砂的最大干密度和最小干密度实验，砂的最小干密度实验宜采用漏斗法和量筒法，砂的最大干密度实验采用振动锤击法。

（3）本实验必须进行两次平行测定，两次测定的干密度差值不得大于 0.03g/cm³，取两次测值的平均值。

6.2.2 砂的最小干密度实验

（1）本实验所用的主要仪器设备，应符合下列规定：

1) 量筒：容积 500mL 和 1000mL，后者内径应大于 60mm。

2) 长颈漏斗：颈管的内径为 1.2cm，颈口应磨平。

3) 锥形塞：直径为 1.5cm 的圆锥体，焊接在铁杆上（图 2-6-1）。

4) 砂面拂平器：十字形金属平面焊接在铜杆下端。

（2）最小干密度实验，应按下列步骤进行：

1) 将锥形塞杆自长颈漏斗下口穿入，并向上提起，使锥底堵住漏斗管口，一并放入 1000mL 的量筒内，使其下端与量筒底接触。

2) 称取烘干的代表性试样 700g 均匀缓慢地倒入漏斗中，将漏斗和锥形塞杆同时提高，移动塞杆，使锥体略离开管口，管口应经常保持高出砂面 1～2cm，使试样缓慢且均匀分布地落入量筒中。

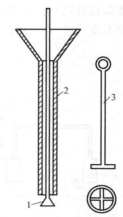

图 2-6-1 漏斗及拂平器
1—锥形塞；2—长颈漏斗；3—砂面拂平器

3) 试样全部落入量筒后，取出漏斗和锥形塞杆，用砂面拂平器将砂面拂平，测记试样体积，估读至 5mL。

注：若试样中不含大于 2mm 的颗粒时，可取试样 400g 用 500mL 的量筒进行实验。

4) 用手掌或橡皮板堵住量筒口，将量筒倒转并缓慢地转回到原来位置，重复数次，记下试样在量筒内所占体积的最大值，估读至 5mL。

5) 取上述两种方法测得的较大体积值，计算最小干密度。

（3）最小干密度应按下式计算：

$$\rho_{dmin} = \frac{m_s}{V} \qquad (2\text{-}6\text{-}1)$$

式中　m_s——试样质量；

　　　ρ_{dmin}——试样的最小干密度（g/cm³）。

（4）最大孔隙比应按下式计算：

$$e_{max} = \frac{\rho_w \cdot G_s}{\rho_{dmin}} - 1 \qquad (2\text{-}6\text{-}2)$$

式中　e_{max}——试样的最大孔隙比。

（5）砂的最小干密度实验记录格式见表 2-6-1。

6.2.3 砂的最大干密度实验

（1）本实验所用的主要仪器设备，应符合下列规定：

1) 金属圆筒：容积 250mL，内径为 5cm；容积 1000mL，内径为 10cm，高度均为 12.7cm，附护筒。

2) 振动叉（图 2-6-2）。

3) 击锤：锤质量 1.25kg，落高 15cm，锤座直径 5cm（图 2-6-3）。

（2）最大干密度实验，应按下列步骤进行：

1) 取代表性烘干试样 2000g，拌匀，分 3 次倒入金属圆筒进行振击，每次倒入数量应使振击后的体积略大于圆筒容积的 1/3，试样倒入筒后用振动叉以每分钟往返 150~200 次的速度敲打圆筒两侧，并在同一时间内用击锤锤击试样表面，每分钟 30~60 次，直至试样体积不变为止（一般击 5~10min）。

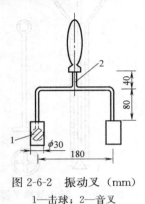

图 2-6-2　振动叉（mm）
1—击球；2—音叉

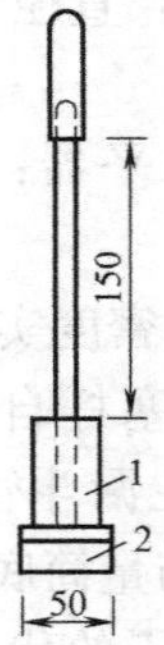

图 2-6-3　击锤（mm）
1—击锤；2—锤座

2）按 1）的规定进行后 2 次的装样、振动和锤击，第 3 次装样时应先在容器口上安装护筒。

3）第 3 次振毕，取下护筒，刮平试样，称圆筒和试样的总质量，计算出试样质量 m_s。

（3）最大干密度应按下式计算：

$$\rho_{dmax} = \frac{m_s}{V}$$

(2-6-3)

式中　ρ_{dmax}——试样的最大干密度（g/cm³）。

（4）最小孔隙比应按下式计算：

$$e_{min} = \frac{\rho_w \cdot G_s}{\rho_{dmax}} - 1$$

(2-6-4)

式中　e_{min}——试样的最小孔隙比。

相对密实度实验记录

表 2-6-1

工程名称　　　　　　　　　　　　实验者
工程编号　　　　　　　　　　　　计算者
实验日期　　　　　　　　　　　　校核者

	实验项目	最小干密度	最大干密度	备注
	实验方法	漏斗法	振击法	
试样质量(g)	(1)			
试样体积(cm³)	(2)			
干密度(g/cm³)	(3)			
平均干密度(g/cm³)	(4)			
土粒比重	(5)			
天然干密度(g/cm³)	(6)ρ_d			
相对密实度	(7)$\frac{(\rho_d - \rho_{dmin})\rho_{dmax}}{\rho_d(\rho_{dmax} - \rho_{dmin})}$			

（5）砂的相对密实度应按下式计算：

$$D_r = \frac{e_{max} - e_0}{e_{max} - e_{min}} \qquad (2\text{-}6\text{-}5)$$

或

$$D_r = \frac{(\rho_d - \rho_{dmin})\rho_{dmax}}{\rho_d(\rho_{dmax} - \rho_{dmin})} \qquad (2\text{-}6\text{-}6)$$

式中　e_0——砂的天然孔隙比；

　　　D_r——砂的相对密实度；

　　　ρ_d——要求的干密度（或天然干密度）（g/cm³）。

（6）最大干密度实验记录格式见表 2-6-1。

思考题

1. 砂的最小干密度和最大干密度的测量方法有哪些？
2. 如何由最小干密度和最大干密度得到砂的相对密实度？

第7章 界限含水率实验

7.1 概述

"土力学"课程中在"土的物理性质与工程分类"一章中"土的物理状态指标"一节涉及这部分内容。土体是三相介质，由固体颗粒、水和气所组成，尽管决定土体性质的是固体颗粒，但是水对土体特别是细颗粒土产生很大的影响。随着含水率的变化土体可能呈现固态、半固态、可塑态和流态，各状态分界的含水率即为界限含水率，其中区别半固态与可塑态的界限含水率称为塑限，区别可塑态与流态的界限含水率称为液限，塑限和液限能够通过实验方法测定。

由液限和塑限能够确定塑性指数，进而进行细粒土的分类定名。根据天然含水率和液限、塑限能够确定土体的液性指数，进而能够判定黏性土的稠度状态，即软硬程度，因此液限和塑限是进行细粒土的分类定名和物理状态评价的重要指标。

界限含水率实验一般采用液、塑限联合测定法，此外也可以采用碟式仪测定液限，配套采用滚搓法测定塑限，前者目前应用得更加普遍。本教程仅介绍液、塑限联合测定法。

本章所述的具体实验方法主要依据《土工试验方法标准》GB/T 50123—1999。

7.2 界限含水率实验——液、塑限联合测定法

（1）本实验方法适用于粒径小于 0.5mm 以及有机质含量不大于试样总质量 5％的土。

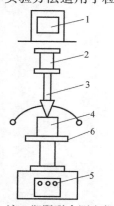

图 2-7-1 液、塑限联合测定仪示意图
1—显示屏；2—电磁铁；3—带标尺的圆锥仪；
4—试样杯；5—控制开关；6—升降座

（2）本实验所用的主要仪器设备，应符合下列规定：

1）液、塑限联合测定仪：包括带标尺的圆锥仪、电磁铁、显示屏、控制开关和试样杯，示意图见 2-7-1。圆锥仪质量为 76g，锥角为 30º；读数显示宜采用光电式、游标式和百分表式；试样杯内径为 40mm，高度为 30mm。

2）天平：称量 200g，最小分度值 0.01g。

（3）液、塑限联合测定法实验，应按下列步骤进行：

1）本实验宜采用天然含水率试样，当土样不均匀时，采用风干试样，当试样中含有粒径大于

0.5mm 的土粒和杂物时，应过 0.5mm 筛。

2）当采用天然含水率土样时，取代表性土样 250g；采用风干试样时，取 0.5mm 筛下的代表性土样 200g，将试样放在橡皮板上用纯水将土样调成均匀膏状，放入调土皿，浸润过夜。

3）将制备的试样充分调拌均匀，填入试样杯中，填样时不应留有空隙，对较干的试样应充分搓揉，密实地填入试样杯中，填满后刮平表面。

4）将试样杯放在联合测定仪的升降座上，在圆锥上抹一薄层凡士林，接通电源，使电磁铁吸住圆锥。

5）调节零点，将屏幕上的标尺调在零位，调整升降座、使圆锥尖接触试样表面，指示灯亮时圆锥在自重下沉入试样，经 5s 后测读圆锥下沉深度（显示在屏幕上），取出试样杯，挖去锥尖入土处的凡士林，分两次取锥体附近的试样不少于 10g，分别放入两个称量盒内，测定含水率。

6）将全部试样再加水或吹干并调匀，重复本条 3）～5）款的步骤分别测定第二点、第三点试样的圆锥下沉深度及相应的含水率。液塑限联合测定点应不少于三点。

注：圆锥入土深度宜为 3～4mm，7～9mm，15～17mm。

（4）试样的含水率应按式（2-3-1）计算。

（5）以圆锥入土深度为纵坐标，含水率为横坐标在双对数坐标纸上绘制关系曲线（图 2-7-2），三点应在一条直线上，如图中 A 线。当三点不在一直线上时，通过高含水率的点和其余两点连成两条直线，在下沉为 2mm 处查得相应的 2 个含水率，当两个含水率的差值小于 2％时，应以两点含水率的平均值与高含水率的点连一直线如图 B 线，当两个含水率的差值大于等于 2％时，应重做实验。

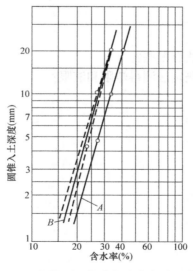

图 2-7-2　圆锥下沉深度与含水率关系曲线

（6）在含水率与圆锥下沉深度的关系图（见图 2-7-2）上查得下沉深度为 17mm 所对应的含水率为液限，查得下沉深度为 10mm 所对应的含水率为 10mm 液限，查得下沉深度为 2mm 所对应的含水率为塑限，取值以百分数表示，准确至 0.1％。

（7）塑性指数应按下式计算：

$$I_P = w_L - w_P \qquad (2\text{-}7\text{-}1)$$

式中 I_P——塑性指数；

w_L——液限（%）；

w_P——塑限（%）。

（8）液性指数应按下式计算：

$$I_L = \frac{w - w_P}{I_P} \qquad (2\text{-}7\text{-}2)$$

式中 I_L——液性指数，计算至 0.01；

w——天然含水率（%）。

（9）液、塑限联合测定法实验的记录格式见表 2-7-1。

界限含水率实验记录（液、塑限联合测定法） 表 2-7-1

工程名称　　　　　　　　　　　实验者

工程编号　　　　　　　　　　　计算者

实验日期　　　　　　　　　　　校核者

试样编号	圆锥下沉深度 (mm)	盒号	湿土质量 (g) (1)	干土质量 (g) (2)	含水率 (%) (3)=[(1)/(2)−1]×100	液限 (%) (4)	塑限 (%) (5)	塑性指数 (6)= (4)−(5)

思考题

1. 测定界限含水率的方法有哪些？

2. 如何由液、塑限联合测定法测得塑限和液限？

第8章 击实实验

8.1 概述

"土力学"课程中在"土的物理性质与工程分类"一章中的"土的击实特性"一节涉及这部分内容。土体是三相介质,以固体颗粒为主,孔隙中被水和气所充满,土体的松密程度决定其工程力学性质,越密实土体强度越高、变形越小。但是工程实际中常遇到回填土或采用土料修筑构筑物,此时将遇到土体能够达到多大的密实度?如何将疏松的土体压密实等问题,即研究压密的过程中影响土体压实特性的主要因素。

击实实验就是在预定击实功的条件下,研究影响土体压密的主要因素——含水率,即确定干密度与含水率的变化关系,从而确定最大干密度和最优含水率,进行填土现场压实效果的施工质量控制。

土体的击实实验结果以击实曲线表示。

击实实验根据土颗粒的大小采用不同的击实功,分为轻型击实实验和重型击实实验。其中小于5mm的黏性土采用轻型击实实验;不大于20mm的土采用重型击实实验。

本章所述的具体实验方法主要依据《土工试验方法标准》GB/T 50123—1999。

8.2 击实实验

（1）本实验分轻型击实和重型击实。轻型击实实验适用于粒径小于5mm的黏性土,重型击实实验适用于粒径不大于20mm的土,采用三层击实时,最大粒径不大于40mm。

（2）轻型击实实验的单位体积击实功约592.2kJ/m³,重型击实实验的单位体积击实功约2684.9kJ/m³。

（3）本实验所用的主要仪器设备（图2-8-1和图2-8-2）应符合下列规定:

1）击实仪的击实筒和击锤尺寸应符合表2-8-1规定。

2）击实仪的击锤应配导筒,击锤与导筒间应有足够的间隙使锤能自由下落;电动操作的击锤必须有控制落距的跟踪装置和锤击点按一定角度（轻型53.5°,重型45°）均匀分布的装置（重型击实仪中心点每圈要加一击）。

击实仪主要部件规格表　　　　　　　　　　　　　　　　表2-8-1

实验方法	锤底直径（mm）	锤质量（kg）	落高（mm）	击实筒			护筒高度（mm）
				内径(mm)	筒高(mm)	容积(cm³)	
轻型	51	2.5	305	102	116	947.4	50
重型	51	4.5	457	152	116	2103.9	50

3）天平：称量200g，最小分度值0.01g。

4）台秤：称量10kg，最小分度值5g。

5）标准筛：孔径为20mm和5mm。

6）试样推出器：宜用螺旋式千斤顶或液压千斤顶，如无此类装置，亦可用刮刀和修土刀从击实筒中取出试样。

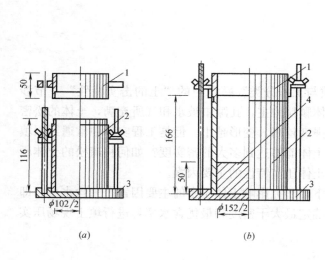

图 2-8-1　击实筒（mm）

(a) 轻型击实筒；(b) 重型击实筒

1—套筒；2—击实筒；3—底板；4—垫块

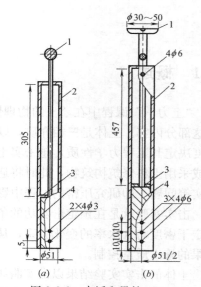

图 2-8-2　击锤和导筒（mm）

(a) 2.5kg击锤；(b) 4.5kg击锤

1—提手；2—导筒；3—硬橡皮垫；4—击锤

（4）试样制备分为干法和湿法两种。

1）干法制备试样应按下列步骤进行：用四分法取代表性土样20kg（重型为50kg），风干碾碎，过5mm（重型过20mm）筛，将筛下土样拌匀，并测定土样的风干含水率。根据土的塑限预估最优含水率，并按第二篇1.5.2节的（4）、（5）条的步骤制备5个不同含水率的一组试样，相邻2个含水率的差值宜为2%。

注：为轻型击实实验制备的5个不同含水率的试样中应有2个大于塑限，2个小于塑限，1个接近塑限。

2）湿法制备试样应按下列步骤进行：取天然含水率的代表性土样20kg（重型为50kg），碾碎，过5mm筛（重型过20mm或40mm），将筛下土样拌匀，并测定土样的天然含水率。根据土样的塑限预估最优含水率，按本条1）款注的原则选择至少需要制备5个含水率的土样，分别将天然含水率的土样风干或加水进行制备，应使制备好的土样水分均匀分布。

（5）击实实验应按下列步骤进行：

1）将击实仪平稳置于刚性基础上，击实筒与底座连接好，安装好护筒，在击实筒内壁均匀涂一薄层润滑油。称取一定量试样，倒入击实筒内，分层击实，轻型击实试样质量为2~5kg，分3层，每层25击；重型击实试样质量为4~10kg，分5层，每层56击，若分3层，每层94击。每层试样高度宜相等，两层交界处的土面应刨毛，击实完成时，超出击实筒顶的试样高度应小于6mm。

2）卸下护筒，用直刮刀修平击实筒顶部的试样，拆除底板，试样底部若高出筒外，也应修平，擦净筒外壁，称筒与试样的总质量，准确至 1g，并计算试样的湿密度 ρ。

3）用推土器将试样从击实筒中推出，取两个代表性试样测定含水率，2 个含水率的差值应不大于 1%。

4）对不同含水率的试样依次击实。

（6）试样的干密度应按下式计算：

$$\rho_{d} = \frac{\rho}{1 + 0.01w} \tag{2-8-1}$$

式中　w——含水率（%）。

（7）干密度和含水率的关系曲线，应在直角坐标纸上绘制（图 2-8-3）。并应取曲线峰值点相应的纵坐标为击实试样的最大干密度 ρ_{dmax}，相应的横坐标为击实试样的最优含水率 w_{op}。当关系曲线不能绘出峰值点时，应进行补点，土样不宜重复使用。

（8）气体体积等于零（即饱和度 100%）的等值线应按下式计算，并应将计算值绘于图 2-8-3 的关系曲线上，即为饱和曲线。

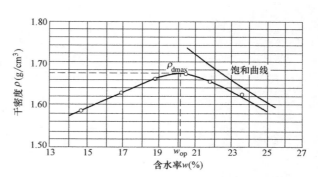

图 2-8-3　ρ_d-w 关系曲线

$$w_{sat} = \left(\frac{\rho_w}{\rho_d} - \frac{1}{G_s}\right) \times 100 \tag{2-8-2}$$

式中　w_{sat}——试样的饱和含水率（%）；

　　　ρ_w——温度 4℃时水的密度（g/cm³）；

　　　ρ_d——试样的干密度（g/cm³）；

　　　G_s——土粒比重。

（9）轻型击实实验中，当试样中粒径大于 5mm 的土质量小于或等于试样总质量的 30% 时，最大干密度应按式（1-1-28）进行校正，最优含水率应按式（1-1-29）进行校正。

（10）击实实验的记录格式见表 2-8-2。

击实实验记录　　　　　　　　　　　　　　　　　　　　表 2-8-2

工程名称　　　　　　　　　　　　实验者

工程编号　　　　　　　　　　　　计算者

实验日期　　　　　　　　　　　　校核者

试验序号	预估最优含水率		%		风干含水率		%	实验类型		
	筒加试样质量(g)	筒质量(g)	试样质量(g)	筒体积(cm³)	湿密度(g/cm³)	干密度(g/cm³)	盒号	湿土质量(g)	干土质量(g)	含水率(%)	平均含水率(%)
	(1)	(2)	(3)=(1)−(2)	(4)	(5)=(3)/(4)	(6)=(5)/[(1)+0.01(10)]		(7)	(8)	(9)=[(7)/(8)−1]×100	(10)

思考题

1. 轻型击实实验和重型击实实验各适用什么样的土？
2. 重型击实实验分 3 层和 5 层击实时有何不同？
3. 如何由击实实验确定最优含水率和最大干密度？

第9章 渗透实验

9.1 概述

"土力学"课程中在"土的渗透性与土中应力计算"一章中"土的渗透性"一节涉及这部分内容。饱和土体是二相介质，由固体颗粒、孔隙水所组成，在水头差的作用下，水能够通过固体颗粒的孔隙发生渗透。渗透性质是土体的重要工程性质，决定土体的强度性质和变形、固结性质，渗透问题是土力学的三个重要问题之一，与强度问题、变形问题合称土力学的三大主要问题。

渗透实验主要是测定土体的渗透系数，渗透系数的定义是单位水力坡降的渗透流速，常以 cm/s 作为单位。

渗透实验根据土颗粒的大小可以区分为常水头渗透实验和变水头渗透实验，对于粗粒土常采用常水头渗透实验，细粒土常采用变水头渗透实验。

本章所述的具体实验方法主要依据《土工试验方法标准》GB/T 50123—1999。

9.2 一般规定

（1）本实验采用的纯水，应在实验前用抽气法或煮沸法脱气。实验时的水温宜高于实验室温度 3～4℃。

（2）本实验以水温 20℃为标准温度，标准温度下的渗透系数应按下式计算：

$$k_{20} = k_T \frac{\eta_T}{\eta_{20}} \qquad (2\text{-}9\text{-}1)$$

式中　k_{20}——标准温度时试样的渗透系数（cm/s）；

　　　η_T——T℃时水的动力黏滞系数（kPa·s）；

　　　η_{20}——20℃时水的动力黏滞系数（kPa·s）。

黏滞系数比 η_T/η_{20} 查表 2-9-1。

（3）根据计算的渗透系数，应取 3～4 个在允许差值范围内的数据的平均值，作为试样在该孔隙比下的渗透系数（允许差值不大于 2×10^{-n}）。

（4）当进行不同孔隙比下的渗透实验时，应以孔隙比为纵坐标，渗透系数的对数为横坐标，绘制关系曲线。

温度 （℃）	动力黏滞系数 η [kPa·s(10⁻⁶)]	η_T/η_{20}	温度校 正值 T_p	温度 （℃）	动力黏滞系数 η [kPa·s(10⁻⁶)]	η_T/η_{20}	温度校 正值 T_p
5.0	1.516	1.501	1.17	17.5	1.074	1.066	1.66
5.5	1.498	1.478	1.19	18.0	1.061	1.050	1.68
6.0	1.470	1.455	1.21	18.5	1.048	1.038	1.70
6.5	1.449	1.435	1.23	19.0	1.035	1.025	1.72
7.0	1.428	1.414	1.25	19.5	1.022	1.012	1.74
7.5	1.407	1.393	1.27	20.0	1.010	1.000	1.76
8.0	1.387	1.373	1.28	20.5	0.998	0.988	1.78
8.5	1.367	1.353	1.30	21.0	0.986	0.976	1.80
9.0	1.347	1.334	1.32	21.5	0.974	0.964	1.83
9.5	1.328	1.315	1.34	22.0	0.968	0.958	1.85
10.0	1.310	1.297	1.36	22.5	0.952	0.943	1.87
10.5	1.292	1.279	1.38	23.0	0.941	0.932	1.89
11.0	1.274	1.261	1.40	24.0	0.919	0.910	1.94
11.5	1.256	1.243	1.42	25.0	0.899	0.890	1.98
12.0	1.239	1.227	1.44	26.0	0.879	0.870	2.03
12.5	1.223	1.211	1.46	27.0	0.859	0.850	2.07
13.0	1.206	1.194	1.48	28.0	0.841	0.833	2.12
13.5	1.188	1.176	1.50	29.0	0.823	0.815	2.16
14.0	1.175	1.168	1.52	30.0	0.806	0.798	2.21
14.5	1.160	1.148	1.54	31.0	0.789	0.781	2.25
15.0	1.144	1.133	1.56	32.0	0.773	0.765	2.30
15.5	1.130	1.119	1.58	33.0	0.757	0.750	2.34
16.0	1.115	1.104	1.60	34.0	0.742	0.735	2.39
16.5	1.101	1.090	1.62	35.0	0727	0.720	2.43
17.0	1.088	1.077	1.64				

9.3　常水头渗透实验

9.3.1　主要仪器设备

常水头渗透实验装置：由金属封底圆筒、金属孔板、测压管和供水瓶等组成（图 2-9-1）。金属圆筒内径为 10cm，高 40cm。当使用其他尺寸的圆筒时，圆筒内径应大于试样最大粒径的 10 倍。

9.3.2　实验步骤

（1）按图 2-9-1 装好仪器，在金属孔板上放置滤网，量测滤网至筒顶的高度，将调节管和供水管相连。从渗水孔向圆筒充水至高出滤网顶面。

（2）取具有代表性的风干土样 3～4kg，测定其风干含水率。将风干土样分层装入圆筒内，每层 2～3cm，根据要求的孔隙比，控制试样厚度。当试样中含黏粒时，应在滤网上铺 2cm 厚的粗砂作为过滤层，防止细粒流失。每层试样装完后从渗水孔向圆筒充水至试样顶面，最后一层试样应高出测压管 3～4cm，并在试样顶面铺 2cm 砾石作为缓冲层。当水面高出试样顶面时，应继续充水至溢水孔有水溢出。

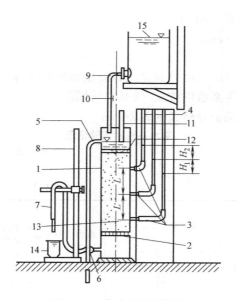

图 2-9-1　常水头渗透装置

1—金属圆筒；2—金属孔板；3—测压孔；4—测压管；5—溢水孔；
6—渗水孔；7—调节管；8—滑动架；9—供水管；10—止水夹；
11—温度计；12—砾石层；13—试样；14—量杯；15—供水瓶

（3）量试样顶面至筒顶高度，计算试样高度，称剩余土样的质量，计算试样质量。

（4）检查测压管水位，当测压管与溢水孔水位不平时，用吸球调整测压管水位，直至两者水位齐平。

（5）将调节管提高至溢水孔以上，将供水管放入圆筒内，开止水夹，使水由顶部注入圆筒，降低调节管至试样上部 1/3 高度处，形成水位差使水渗入试样，经过调节管流出。调节供水管止水夹，使进入圆筒的水量多于溢出的水量，溢水孔始终有水溢出，保持圆筒内水位不变，试样处于常水头下渗透。

（6）当测压管水位稳定后，测记水位，并计算各测压管之间的水位差。按规定时间记录渗出水量，接取渗出水量时，调节管口不得浸入水中，测量进水和出水处的水温，取平均值。

（7）降低调节管至试样的中部和下部 1/3 处，按本小节第（5）、（6）条的步骤重复测定渗出水量和水温，当不同水力坡降下测定的数据接近时，结束实验。

（8）根据工程需要，改变试样的孔隙比，继续实验。

9.3.3　记录与计算

（1）常水头渗透系数应按下式计算：

$$k_{\mathrm{T}} = \frac{QL}{AHt} \qquad (2\text{-}9\text{-}2)$$

式中　k_{T}——水温为 $T℃$ 时试样的渗透系数（cm/s）；

　　　Q——时间 t 秒内的渗出水量（cm^3）；

　　　L——两测压管中心间的距离（cm）；

A——试样的断面积（cm）；

H——平均水位差（cm）；

t——时间（s）。

注：平均水位差 H 可按 $(H_1+H_2)/2$ 计算，H_1 和 H_2 如图 2-9-1 所示。

（2）标准温度下的渗透系数应按式（2-9-1）计算。

（3）常水头渗透实验的记录格式见表 2-9-2。

常水头渗透实验记录 表 2-9-2

工程编号　　　　　　　　　　　　　实验者

试样编号　　　　　　　　　　　　　计算者

实验日期　　　　　　　　　　　　　校核者

实验次数	经过时间（s）	测压管水位（cm）			水位差			水力坡降	渗水量（cm）	渗透系数（cm/s）	水温（℃）	校正系数	水温20℃时的渗透系数（cm/s）	平均渗透系数（cm/s）
		Ⅰ	Ⅱ	Ⅲ	H_1	H_2	平均							
(1)	(2)	(3)	(4)		(5)= (2)-(3)	(6)= (3)-(4)	(7)=[(5) +(6)]/2	(8)= (7)/L	(9)	(10)= (9)/ [A(8) (1)]	(11)	(12) $\dfrac{\eta_T}{\eta_{20}}$	(14)= (10) ×(12)	(14)

9.4 变水头渗透实验

9.4.1 主要仪器设备

（1）渗透容器：由环刀、透水石、套环、上盖和下盖组成。环刀内径 61.8mm，高 40mm；透水石的渗透系数应大于 10^{-3}cm/s。

（2）变水头装置：由渗透容器、变水头管、供水瓶、进水管等组成（图 2-9-2）。变水头管的内径应均匀，管径不大于 1cm，管外壁应有最小分度为 1.0mm 的刻度，长度宜为 2m 左右。

9.4.2 实验步骤

（1）试样制备应按第二篇 1.4 节或 1.5.2 节的规定进行，并应测定试样的含水率和密度。

（2）将装有试样的环刀装入渗透容器，用螺母旋紧，要求密封至不漏水不透气。对不易透水的试样，按第二篇 1.6.4 节的规定进行抽气饱和；对饱和试样和较易透水的试样，直接用变水头装置的水头进行试样饱和。

（3）将渗透容器的进水口与变水头管连接，利用供水瓶中的纯水向进水管注满水，并渗入渗透容器，开排气阀，排除渗透容器底部的空气，直至溢出水中无气泡，关排水阀，放平渗透容器，关进水管夹。

（4）向变水头管注纯水。使水升至预定高度，水头高度根据试样结构的松密程度确定，一般不应大于 2m，待水位稳定后切断水源，开进水管夹，使水通过试样，当出水口有水溢出时开始测记变水头管中起始水头高度和起始时间，按预定时间间隔测记水头和时间的变化，并测记出水口的水温。

（5）将变水头管中的水位变换高度，待水位稳定再进行测记水头和时间变化，重复 5～6 次，当不同开始水头下测定的渗透系数在允许差值范围内时，结束实验。

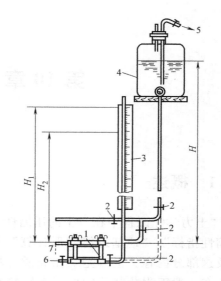

图 2-9-2　变水头渗透装置

1—渗透容器；2—进水管夹；3—变水头管；4—供水瓶；5—接水源管；6—排气水管；7—出水管

9.4.3　记录与计算

（1）变水头渗透系数应按下式计算：

$$k_T = 2.3 \frac{aL}{A(t_2 - t_1)} \log \frac{H_1}{H_2} \qquad (2\text{-}9\text{-}3)$$

式中　a——变水头管的断面积（cm²）；

　　　2.3——ln 和 lg 的变换因数；

　　　L——渗径，即试样高度（cm）；

　　t_1，t_2——分别为测读水头的起始和终止时间（s）；

　　H_1，H_2——起始和终止水头。

（2）标准温度下渗透系数应按式（2-9-1）计算。

（3）变水头渗透实验的记录格式见表 2-9-3。

变水头渗透实验记录　　　　　　　　　　　　表 2-9-3

工程名称　　　　　　　　　试样面积（A）　　　　　　　实验者

试样编号　　　　　　　　　试样高度（L）　　　　　　　计算者

仪器编号　　　　　　　　　测压管断面积（a）　　　　　校核者

实验日期　　　　　　　　　孔隙比（e）

开始时间 t_1(s)	终了时间 t_2(s)	经过时间 t(s)	开始水头 H_1(cm)	终了水头 H_2(cm)	$\dfrac{2.3}{A \times (3)} a \times L$	$\lg \dfrac{H_1}{H_2}$	T℃时渗透系数(cm/s)	水温(℃)	校准系数	水温20℃时的渗透系数(cm/s)	平均渗透系数(cm/s)
(1)	(2)	(3)=(2)-(1)	(4)	(5)	(6)	(7)	(8)=(6)×(7)	(9)	(10)=η_T/η_{20}	(11)=(8)×(10)	(12)

思考题

1. 实验室测饱和土的渗透系数的实验方法有哪些？各适用什么样的土？

2. 如何通过常水头渗透实验和变水头渗透实验测定和计算土的渗透系数？

第10章　固 结 实 验

10.1　概述

　　"土力学"课程中在"土的压缩性质与地基变形计算"一章中"侧限压缩实验与压缩性指标"、"地基最终变形计算"和"饱和黏性土的单向渗透固结理论"等节均涉及这部分内容。土体是三相介质，具有孔隙，因此在外力的作用下将产生压缩变形。在一般工程荷载范围内，土颗粒和孔隙水本身的变形忽略不计，因此土体的压缩主要是因为土骨架重新排列、排水、排气。对于非饱和土体常称为压缩实验，对于饱和土体常称为固结实验。

　　通过土体的固结实验可以得到 e-p 曲线、e-$\lg p$ 曲线以及固结系数等压缩性指标。

　　本章所述的具体实验方法主要依据《土工试验方法标准》GB/T 50123—1999。

10.2　一般规定

　　(1) 本实验方法适用于饱和的黏性土。当只进行压缩时，允许用于非饱和土。

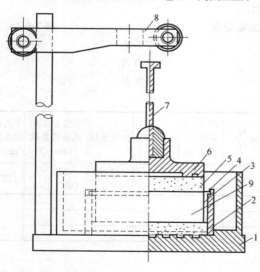

图 2-10-1　固结仪示意图

1—水槽；2—护环；3—环刀；4—导环；5—透水板；
6—加压上盖；7—位移计导杆；8—位移计架；9—试样

　　(2) 本实验所用的重要仪器设备，应符合下列规定：

　　1) 固结容器：由环刀、护环、透水板、水槽、加压上盖组成（图2-10-1）。

　　① 环刀：内径为 61.8mm，高度为 20mm。环刀应具有一定的刚度，内壁应保持较高的光洁度，宜涂一薄层硅脂或聚四氟乙烯。

　　② 透水板：氧化铝或不受腐蚀的金属材料制成，其渗透系数应大于试样的渗透系数。用固定式容器时，顶部透水板直径应小于环刀内径 0.2~0.5mm；用浮环式容器时上下端透水板直径相等，均应小于环刀内径。

　　2) 加压设备：应能垂直在瞬间施加各级规定的压力，且没有冲击力，压力准确度应符合现行国家标准《土工仪器的基本参数及通用技术条件》GB/T 15406 的规定。

3）变形量测设备：量程 10mm，最小分度值为 0.01mm 的百分表或准确度为全量程 2％的位移传感器。

（3）固结仪及加压设备应定期校准，并应做仪器变形校正曲线，具体操作见有关规定。

（4）试样制备应按本篇 1.4 节的规定进行，并测定试样的含水率和密度，取切下的余土测定土粒比重。实验需要饱和时，应按本篇 1.6.4 节的规定进行抽气饱和。

10.3 标准固结实验

10.3.1 实验步骤

（1）在固结容器内放置护环、透水板和薄型滤纸，将带有试样的环刀装入护环内，放上导环、试样上依次放上薄型滤纸、透水板和加压上盖，并将固结容器置于加压框架正中，使加压上盖与加压框架中心对准，安装百分表或位移传感器。注意滤纸和透水板的湿度应接近试样的湿度。

（2）施加 1kPa 的预压力使试样与仪器上下各部件之间接触，将百分表或传感器调整到零位或测读初读数。

（3）确定需要施加的各级压力，压力等级宜为 12.5、25、50、100、200、400、800、1600、3200kPa。第一级压力的大小应视土的软硬程度而定，宜用 12.5、25 或 50kPa。最后一级压力应大于土的自重压力与附加压力之和。只需测定压缩系数时，最大压力不小于 400kPa。

（4）需要确定原状土的先期固结压力时，初始段的荷重率应小于 1，可采用 0.5 或 0.25，施加的压力应使测得的 e-$\lg p$ 曲线下端出现直线段。对超固结土，应进行卸压、再加压来评价其再压缩特性。

（5）对于饱和试样，施加第一级压力后应立即向水槽中注水浸没试样。非饱和试样进行压缩实验时，需用湿棉纱围住加压板周围。

（6）需要测定沉降速率、固结系数时（仅适用饱和土），施加每一级压力后宜按下列时间顺序测记试样的高度变化。时间为 6s、15s、1min、2min15s、4min、6min15s、9min、12min15s、16min、20min15s、25min、30min15s、36min、42min15s、49min、64min、100min、200min、400min、23h、24h，至稳定为止。不需要测定沉降速率时，则施加每级压力后 24h 测定试样高度变化作为稳定标准，只需测定压缩系数的试样，施加每级压力后，每小时变形达 0.01mm 时，测定试样高度变化作为稳定标准。按此步骤逐级加压至实验结束。

（7）需要进行回弹实验时，可在某级压力下固结稳定后退压，直至退到要求的压力，每次退压至 24h 后测定试样的回弹量。

（8）实验结束后吸去容器中的水，迅速拆除仪器各部件，取出整块试样，测定含水率。

10.3.2 计算和绘图

（1）试样的初始孔隙比，应按下式计算：

$$e_0 = \frac{(1+w_0)G_s\rho_w}{\rho_0} - 1 \tag{2-10-1}$$

式中　e_0——试样的初始孔隙比。

（2）各级压力下试样固结稳定后的单位沉降量，应按下式计算：

$$s_i = \frac{\sum \Delta h_i}{h_0} \times 10^3 \tag{2-10-2}$$

式中　s_i——某级压力下的单位沉降量（mm/m）；

　　　h_0——试样初始高度（mm）；

　$\sum \Delta h_i$——某级压力下试样固结稳定后的总变形量（mm）（等于该级压力下固结稳定读数减去仪器变形量）；

　　　10^3——单位换算系数。

（3）各级压力下试样固结稳定后的孔隙比，应按下式计算：

$$e_i = e_0 - \frac{(1+e_0)}{h_0}\Delta h_i \tag{2-10-3}$$

式中　e_i——各级压力下试样固结稳定后的孔隙比。

（4）某一压力范围内的压缩系数，应按下式计算：

$$a = \frac{e_i - e_{i+1}}{p_{i+1} - p_i} \tag{2-10-4}$$

式中　a——压缩系数（MPa^{-1}）；

　　　p_i——某级压力值（MPa）。

（5）某一压力范围内的压缩模量，应按下式计算：

$$E_s = \frac{1+e_0}{a} \tag{2-10-5}$$

式中　E_s——压缩模量（MPa）。

（6）某一压力范围内的体积压缩系数，应按下式计算：

$$m_v = \frac{1}{E_s} = \frac{a}{1+e_0} \tag{2-10-6}$$

式中　m_v——体积压缩系数（MPa^{-1}）。

（7）压缩指数和回弹指数，应按下式计算：

$$C_c \text{ 或 } C_s = \frac{e_i - e_{i+1}}{\lg p_{i+1} - \lg p_i} \tag{2-10-7}$$

式中　C_c——压缩指数；

　　　C_s——回弹指数。

（8）以孔隙比为纵坐标，压力为横坐标，绘制孔隙比与压力的关系曲线，即 e-p 曲线，见图2-10-2。

（9）以孔隙比为纵坐标，以压力的对数为横坐标，绘制孔隙比与压力的对数关系曲线，即 e-$\lg p$ 曲线，见图 2-10-3。

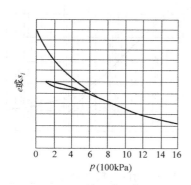

图 2-10-2　$e(s_i)$-p 关系曲线

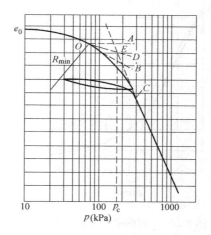

图 2-10-3　e-$\lg p$ 曲线求 p_c 示意图

（10）原状土试样的先期固结压力，应按下列方法确定。在 e-$\lg p$ 曲线上找出最小曲率半径 $R_{\min}$ 的点 O（见图 2-10-3），过 O 点做水平线 OA，切线 OB 及 $\angle AOB$ 的平分线 OD，OD 与曲线下段的延长线交于 E 点，则对应于 E 点的压力值即为该原状土试样的先期固结压力。

（11）固结系数应按下列方法确定：

1）时间平方根法：对某一级压力，以试样的变形为纵坐标，时间平方根为横坐标，绘制变形与时间平方根关系曲线（图 2-10-4），延长曲线开始段直线，交纵坐标于 d_s 为理论零点，过 d_s 作另一直线，令其横坐标为前一直线横坐标的 1.15 倍，则后一直线与 d-$\sqrt{t}$ 曲线交点所对应的时间的平方即为试样固结度达 90% 所需的时间 t_{90}，该级压力下的固结系数应按下式计算：

$$C_v = \frac{0.848\overline{h}^2}{t_{90}} \tag{2-10-8}$$

式中　C_v——固结系数（$\mathrm{cm^2/s}$）；

$\overline{h}$——最大排水距离，等于某级压力下试样的初始和终了高度的平均值之半（cm）；

t_{90}——试样固结度达到 90% 所需的时间（s）。

2）时间对数法：对某级压力，以试样的变形为纵坐标，时间的对数为横坐标，绘制变形与时间对数关系曲线（图 2-10-5），在关系曲线的开始段，选任一时间 t_1，查得相对应的变形值 d_1，再取时间 $t_2 = t_1/4$，查得相对应的变形值 d_2，则 $2d_2 - d_1$ 即为 d_{01}；另取一时间依同法求得 d_{02}、d_{03}、d_{04} 等，取 d_{01}、d_{02}、d_{03}、d_{04} 等的平均值为理论零点 d_s，延长曲线中部的直线段和通过曲线尾部数点切线的交点即为理论终点 d_{100}，则 $d_{50} = (d_s + d_{100})/2$，对应于 d_{50} 的时间即为试样固结度达 50% 所需的时间 t_{50}，某一级压力下的固结系数应按下式计算：

$$C_v = \frac{0.197\overline{h}^2}{t_{50}} \tag{2-10-9}$$

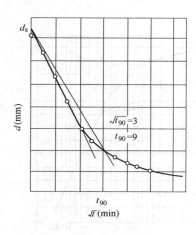

图 2-10-4　时间平方根法求 t_{90}

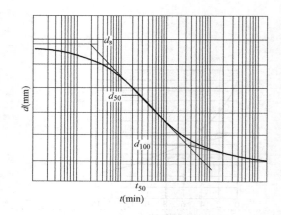

图 2-10-5　时间对数法求 t_{50}

（12）固结实验的记录格式见表 2-10-1。

固结实验记录　　　　　　　　　　　　　　　　表 **2-10-1**

工程名称　　　　　　　　　　　　　　　实验者

工程编号　　　　　　　　　　　　　　　计算者

实验日期　　　　　　　　　　　　　　　校核者

经过时间（min）	压力 MPa		MPa		MPa		MPa		MPa	
	时间	变形读数	时间	变形读数	时间	变形读数	时间	变形读数	时间	变形读数
0										
0.1										
0.25										
1										
2.25										
4										
6.25										
9										
12.25										
16										
20.25										
25										
30.25										
26										
42.25										
49										
64										
100										
200										
23（h）										
24（h）										
总变形量（mm）										
仪器变形量（mm）										
试样总变形量（mm）										

思考题

1. 如何由固结实验得到 e-p 曲线和 e-$\lg p$ 曲线？
2. 如何确定原状土试样的先期固结压力？
3. 如何由时间平方根法确定固结系数？

第 11 章　无黏性土休止角实验

11.1　概述

　　"土力学"课程中主要在"土坡稳定分析"一章中"均质土坡的稳定分析"一节涉及这部分内容。土体的抗剪强度受到实验设备和实验方法的影响，如前所述，测定土体的抗剪强度的室内实验方法主要包括直接剪切实验、三轴压缩实验和无侧限压缩实验。但是对于无黏性土体，根据全干或全淹没土坡的稳定分析，天然休止角即为砂土的内摩擦角，因此天然休止角实验也能够确定砂土水上水下的内摩擦角。

　　本章所述的具体实验方法主要依据《土工试验规程》中的《无黏性土休止角试验》SL 237—023—1999。

11.2　定义和适用范围

　　(1) 休止角是无黏性土在松散状态堆积时其坡面与水平面所形成的最大倾角。

　　(2) 本实验适用于测定无黏性土在风干状态下或水下状态的休止角。

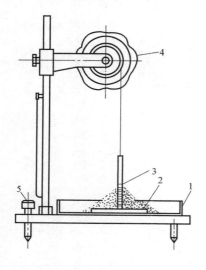

图 2-11-1　休止角测试仪
1—底盘；2—圆盘；3—铁杆；4—制动器；
5—水平螺丝

11.3　仪器设备

　　(1) 休止角测试仪：图 2-11-1 所示。圆盘直径为 10cm（适用于粒径小于 2mm 的无黏性土）及 20cm（适用于粒径小于 5mm 的无黏性土）。

　　(2) 附属设备：勺子、水槽等。

11.4　操作步骤

　　(1) 取代表性的充分风干试样若干，并选择相应的圆盘。

　　(2) 转动制动器，使圆盘落在底盘中。

　　(3) 用小勺细心地沿铁杆四周倾倒试样。小勺离试样表面的高度应始终保持在 1cm 左右，直至圆盘外缘完全盖满为止。

（4）慢慢转动制动器，使圆盘平稳升起，直至离开底盘内的试样为止。测记锥顶与铁杆接触处的刻度（$\tan\alpha_c$）。

（5）如果测定水下状态的休止角，先将盛土圆盘慢慢地沉入水槽内。水槽内水面应达铁杆的 0 刻度处，然后按本操作步骤第（3）条规定注入试样。按本操作步骤第（4）条规定转动制动器，使圆盘升起。当锥体顶端达水面时，测记锥顶与铁杆接触处的刻度（$\tan\alpha_m$）。

（6）通过测得的 $\tan\alpha_c$ 和 $\tan\alpha_m$ 值，求取反三角函数值，得到相应的休止角。

（7）本实验需进行 2 次平行测定，取其平均值，以整数（°）表示。

11.5　记录与计算

（1）按下式计算休止角 α：

$$\tan\alpha=\frac{2h}{d} \tag{2-11-1}$$

式中　h——试样堆积圆锥高度（cm）；

　　　d——圆锥底面直径（cm）。

（2）本实验记录如表 2-11-1 所示。

无黏性土休止角实验记录表　　　　　　　　　　表 2-11-1

工程编号　　　　　　　　　　　　　实 验 者

仪器编号　　　　　　　　　　　　　计 算 者

土样说明　　　　　　　　　　　　　校 核 者

实验方法　　　　　　　　　　　　　实验日期

土样编号	充分风干状态休止角			水下状态休止角			备注
	读数		平均值	读数		平均值	
	$\tan\alpha_c$	（°）	（°）	$\tan\alpha_m$	（°）	（°）	

第12章 直接剪切实验

12.1 概述

"土力学"课程中在"土的抗剪强度"一章中"直剪实验测定土的抗剪强度"一节涉及这部分内容。土体的抗剪强度受到实验设备和实验方法的影响，如前所述，测定土体的抗剪强度的室内实验方法主要有直接剪切实验（也称直剪实验）、三轴压缩实验和无侧限压缩实验，其中直接剪切实验和三轴压缩实验应用最为广泛，在工程实践和科学研究领域是获得土体的强度参数的实用手段。尽管直接剪切实验由于不能控制排水、不能测孔隙水压力没有三轴压缩实验那样严密，但是由于直接剪切实验具有设备简单、操作简便、排水路径短，以及在工程实践中具有较长久的使用经验等优势，目前依然得到较广泛的应用。此外，由于在特定剪切面上剪坏的特点，在研究土与其他材料之间接触面的强度问题方面依然具有较大的优势。

在下面的实验方法中，将分别针对细粒土和砂类土进行介绍，其中针对细粒土有三种实验方法：慢剪、固结快剪、快剪。

本章所述的具体实验方法主要依据《土工试验方法标准》GB/T 50123—1999。

12.2 慢剪实验

12.2.1 一般规定

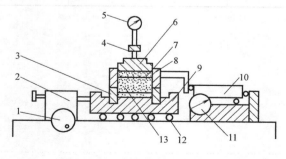

图 2-12-1 应变控制式直剪仪

1—剪切传动机构；2—推动器；3—下盒；4—垂直加压框架；
5—垂直位移计；6—传压板；7—透水板；8—上盒；
9—储水盒；10—测力计；11—水平位移计；12—滚珠；13—试样

（1）本实验方法适用于细粒土。

（2）本实验所用的主要仪器设备，应符合下列规定：

1）应变控制式直剪仪（图2-12-1）：由剪切盒、垂直加压设备、剪切传动装置、测力计、位移量测系统组成。

2）环刀：内径 61.8mm，高度 20mm。

3）位移量测设备：量程为10mm，分度值为 0.01mm 的百分表；

或准确度为全量程 0.2% 的传感器。

12.2.2 实验步骤

（1）原状土试样制备，应按本篇第 1.4 条的步骤进行，扰动土试样制备按本篇第 1.5 条的步骤进行，每组试样不得少于 4 个；当试样需要饱和时，应按本篇第 1.6 条的步骤进行。

（2）对准剪切容器上下盒，插入固定销，在下盒内放透水板和滤纸，将带有试样的环刀刃口向上，对准剪切盒口，在试样上放滤纸和透水板，将试样小心地推入剪切盒内。

（3）移动传动装置，使上盒前端钢球刚好与测力计接触，依次放上传压板、加压框架，安装垂直位移和水平位移量测装置，并调至零位或测记初读数。

（4）根据工程实际和土的软硬程度施加各级垂直压力 p，对松软试样垂直压力应分级施加，以防土样挤出。施加压力后，向盒内注水，当试样为非饱和试样时，应在加压板周围包以湿棉纱。

（5）施加垂直压力后，每 1h 测读垂直变形一次，直至试样固结变形稳定。变形稳定标准为每小时不大于 0.005mm。

（6）拔去固定销，以小于 0.02mm/min 的剪切速度进行剪切，试样每产生剪切位移 0.2～0.4mm 测记测力计和位移读数，直至测力计读数出现峰值，应继续剪切至剪切位移为 4mm 时停机，记下破坏值，当剪切过程中测力计读数无峰值时，应剪切至剪切位移为 6mm 时停机。

（7）当需要估算试样的剪切破坏时间，可按下式计算：

$$t_f = 50 t_{50} \tag{2-12-1}$$

式中　t_f——达到破坏所经历的时间（min）；

　　　t_{50}——固结度达 50% 所需的时间（min）。

（8）剪切结束，吸去盒内积水，退去剪切力和垂直压力，移动加压框架，取出试样，测定试样含水率。

12.2.3 记录、计算与绘图

（1）剪应力应按下式计算：

$$\tau = \frac{C \cdot R}{A_0} \times 10 \tag{2-12-2}$$

式中　τ——试样所受的剪应力（kPa）；

　　　C——测力计率定系数，N/0.01mm；

　　　R——测力计量表读数（0.01mm）；

　　　A_0——试样面积（cm^2）。

　　　10——单位换算系数。

（2）以剪应力为纵坐标，剪切位移为横坐标，绘制剪应力与剪切位移关系曲线（图 2-12-2），取曲线上剪应力的峰值为抗剪强度 τ_f，无峰值时，取剪切位移 4mm 对应的剪应力为抗剪强度 τ_f。

（3）以抗剪强度 τ_f 为纵坐标，垂直压力 p 为横坐标，绘制抗剪强度与垂直压力关系曲线（图 2-12-3），直线的倾角为内摩擦角 φ_s，直线在纵坐标上的截距为黏聚力 c_s。

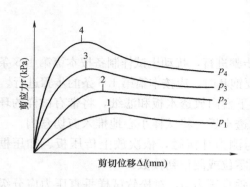

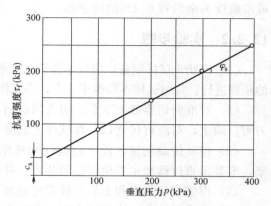

图 2-12-2　剪应力与剪切位移关系曲线　　图 2-12-3　抗剪强度与垂直压力关系曲线

（4）慢剪实验的记录格式见表 2-12-1。

直剪实验记录
表 2-12-1

工程编号　　　　　　　　　　　　　　　　实验者

试样编号　　　　　　　　　　　　　　　　计算者

实验方法　　　　　　　　　　　　　　　　校核者

实验日期　　　　　　　　　　　　　　　　测力计系数　　　　　　kPa/0.01mm

仪器编号				剪切位移 (0.01mm)	测力计读数 (0.01mm)	剪应力 (kPa)	垂直位移 (0.01mm)
盒号							
湿土质量(g)				(1)	(2)	$(3)=C$ $(2)/A_0$	(4)
干土质量(g)							
含水率(%)							
试样质量(g)							
试样密度(g/cm³)							
垂直压力(kPa)							
固结沉降量(mm)							

12.3　固结快剪实验

12.3.1　一般规定

（1）本实验方法适用于渗透系数小于 10^{-6} cm/s 的细粒土。

（2）本实验所用的主要仪器设备，与慢剪实验相同。

12.3.2　实验步骤

（1）试样制备、安装和固结，应按本章第 12.2.2 节（1）～（5）条的步骤进行。

（2）固结快剪实验的剪切速度为 0.8mm/min，使试样在 3～5min 内剪损，其剪切步骤应按本章第 12.2.2 节的（6）、（8）条的步骤进行。

12.3.3　记录、计算与绘图

固结快剪实验的记录、计算与绘图同慢剪实验。获得的内摩擦角 φ_g，黏聚力 c_g。

12.4 快剪实验

12.4.1 一般规定

（1）本实验方法适用于渗透系数小于 10^{-6} cm/s 的细粒土。

（2）本实验所用的主要仪器设备，与慢剪实验相同。

12.4.2 实验步骤

（1）试样制备、安装应按本章第 12.2.2 节（1）～（4）条的步骤进行，安装时应以硬塑料膜代替滤纸，不需安装垂直位移量测装置。

（2）施加垂直压力，拔去固定销，立即以 0.8mm/min 的剪切速度按本章第 12.2.2 节（6）、（8）条的步骤进行剪切至实验结束，使试样在 3～5min 内剪损。

12.4.3 记录、计算与绘图

快剪实验的记录、计算与绘图同慢剪实验。获得内摩擦角 φ_g，黏聚力 c_g。

12.5 砂类土的直剪实验

12.5.1 一般规定

（1）本实验方法适用于砂类土。

（2）本实验所用的主要仪器设备，与慢剪实验相同。

12.5.2 实验步骤

（1）取过 2mm 筛的风干砂样 1200g，按本篇第 1.5 节的步骤制备砂样。

（2）根据要求的试样干密度和试样体积称取每个试样所需的风干砂样质量，准确至 0.1g。

（3）对准剪切容器上下盒，插入固定销，放干透水板和干滤纸。将砂样倒入剪切容器内，拂平表面，放上硬木块轻轻敲打，使试样达到预定的干密度，取出硬木块，拂平砂面。依次放上干滤纸、干透水板和传压板。

（4）安装垂直加压框架，施加垂直压力，试样剪切应按本章第 12.4.2 节（2）条的步骤进行。

12.5.3 记录、计算与绘图

砂类土直剪实验的记录、计算与绘图同慢剪实验。

思考题

1. 细粒土的直剪实验有几种实验方法？各种实验方法得到的强度指标如何表示，意义有何不同？

2. 细粒土的各种实验方法是如何实现的？

3. 砂类土的直剪实验如何控制装样？

第 13 章　三轴压缩实验

13.1　概述

"土力学"课程中在"土的抗剪强度"一章中"三轴剪切实验测定土的抗剪强度"一节涉及这部分内容。如前所述，土体的抗剪强度受到实验设备和实验方法的影响，测定土体的抗剪强度的室内实验方法除了直接剪切实验（即直剪实验）和无侧限压缩实验以外，还有三轴压缩实验（或称三轴剪切实验）。三轴压缩实验由于能够对圆柱状土体施加两向应力，能够模拟轴对称条件下土体的应力状态的变化，在工程实践和科学研究领域不仅是获得土体抗剪强度参数的重要手段，而且由于能够获得土体的应力应变关系，对于研究土体的本构模型，获得土体的三向变形特性均具有很大的优势。三轴压缩实验能够克服直接剪切实验不能控制排水、不能测孔隙水压力的缺点，但是由于三轴压缩实验设备复杂、操作较繁复、制样有一定难度、试样排水路径长等缺点，在工程实践中直接剪切实验不能被淘汰。

三轴压缩实验能够根据颗粒大小选择适用的试样尺寸，也有三种实验方法：不固结不排水剪切实验、固结不排水剪切实验、固结排水剪切实验。

本章所述的具体实验方法主要依据《土工试验方法标准》GB/T 50123—1999。

13.2　一般规定

（1）本实验方法适用于细粒土和粒径小于 20mm 的粗粒土。

（2）本实验应根据工程要求分别采用不固结不排水剪（UU）实验、固结不排水剪（CU 或 $\overline{CU}$）实验和固结排水剪（CD）实验。

（3）本实验必须制备 3 个以上性质相同的试样，在不同的周围压力下进行实验。周围压力宜根据工程实际荷重确定。对于填土，最大一级周围压力应与最大的实际荷重大致相等。

（4）实验宜在恒温条件下进行。

13.3　主要仪器设备

（1）应变控制式三轴仪（图 2-13-1）：由压力室、轴向加压设备、周围压力系统、反压力系统、孔隙水压力测量系统、轴向变形和体积变化量测系统组成。

（2）附属设备：包括击样器、饱和器、切土器、原状土分样器、切土盘、承膜筒和对开圆膜，应符合下图要求：

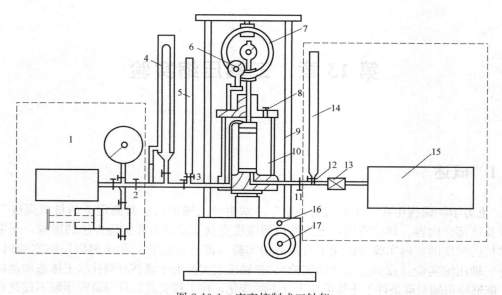

图 2-13-1　应变控制式三轴仪

1—周围压力系统；2—周围压力阀；3—排水阀；4—体变管；5—排水管；6—轴向位移表；
7—测力计；8—排气孔；9—轴向加压框架；10—压力室；11—孔压阀；12—量管阀；
13—孔压传感器；14—量管；15—孔压量测系统；16—离合器；17—手轮

1）击样器如图 2-13-2 所示，饱和器如图 2-13-3 所示。

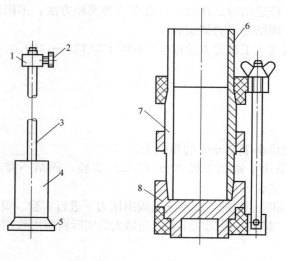

图 2-13-2　击样器

1—套环；2—定位螺丝；3—导杆；4—击锤；

5—底板；6—套筒；7—击样筒；8—底座

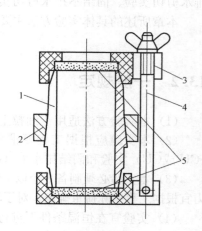

图 2-13-3　饱和器

1—圆模（3 片）；2—紧箍；

3—夹板；4—拉杆；5—透水板

2）切土盘、切土器和原状土分样器如图 2-13-4 所示。

3）承膜筒及对开圆模如图 2-13-5 及图 2-13-6 所示。

（3）天平：称量 200g，最小分度值 0.01g；称量 1000g，最小分度值 0.1g。

（4）橡皮膜：应具有弹性，对直径 39.1 和 61.8mm 的试样，厚度以 0.1~0.2mm 为宜，对直径 101mm 的试样，厚度以 0.2~0.3mm 为宜。

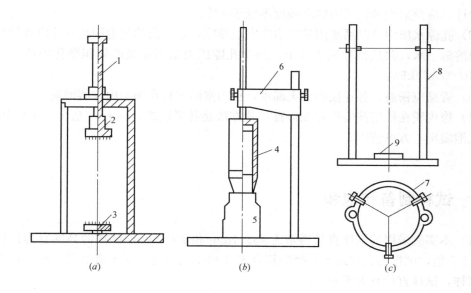

图 2-13-4　原状土切土盘和分样器

（a）切土盘；（b）切土器和切土架；（c）原状土分样器

1—轴；2—上盘；3—下盘；4—切土器；5—土样；

6—切土架；7—钢丝架；8—滑杆；9—底盘

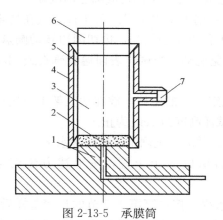

图 2-13-5　承膜筒

1—压力室底座；2—透水板；3—试样；4—承
膜筒；5—橡皮膜；6—上帽；7—吸气孔

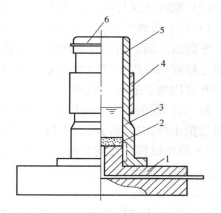

图 2-13-6　对开圆模

1—压力室底座；2—透水板；3—制样圆模
（两片合成）；4—紧箍；5—橡皮膜；6—橡皮圈

（5）透水板：直径与试样直径相等，其渗透系数宜大于试样的渗透系数，使用前在水中煮沸并泡于水中。

13.4　实验仪器的规定

（1）周围压力的测量准确度应为全量程的 1‰；根据试样的强度大小，选择不同量程的测力计，应使最大轴向压力的准确度不低于1%。

（2）孔隙水压力量测系统内的气泡应完全排除，系统内的气泡用纯水冲出或施加压力使气泡溶解于水，并从试样底座溢出。整个孔隙压力量测系统的体积变化因数，应小于 $1.5 \times 10^{-5} \, \text{cm}^3 / \text{kPa}$；

（3）管路应畅通，各连接处应无漏水，压力室活塞杆在轴套内应能滑动。

（4）橡皮膜在使用前应作仔细检查，其方法是扎紧两端，向膜内充气，在水中检查，应无气泡溢出，方可使用。

13.5　试样制备和饱和

（1）本实验采用的试样直径通常为 $\phi 39.1$mm 和 $\phi 101$mm，试样的高度宜为试样直径的 2～2.5 倍，试样的允许最大粒径应符合表 2-13-1 的规定。对于有裂缝、软弱面和构造面的试样，试样直径宜大于 60mm。

表 2-13-1

试样的土粒最大粒径（mm）

试样直径	允许最大粒径
<100	试样直径的 1/10
>100	试样直径的 1/5

（2）原状土试样制备应按 13.5 节第（1）条规定的尺寸将土样切成圆柱形试样。

1）对于较软的土样，先用钢丝锯或切土刀切取一稍大于规定尺寸的土柱，放在切土盘上下圆盘之间，用钢丝锯或切土刀紧靠侧板，由上往下细心切削，边切削边转动圆盘，直至土样被削成规定的直径为止。试样切削时应避免扰动，当试样表面遇有砾石或凹坑时，允许用削下的余土填补。

2）对较硬的土样，先用切土刀切取一稍大于规定尺寸的土柱，放在切土架上，用切土器切削土样，边削边压切土器，直至切削到超出试样高度约 2cm 为止。

3）取出试样，按规定的高度将两端削平，称量。并取余土测定试样的含水率。

4）对于直径大于 10cm 的土样，可用分样器切成 3 个土柱，按上述方法切取 $\phi 39.1$mm 的试样。

（3）扰动土试样制备应根据预定的干密度和含水率，按本篇第 1.5 节的步骤备样后，在击样器内分层击实，粉土宜为 3～5 层，黏性土宜为 5～8 层，各层土料数量应相等，各层接触面应刨毛。击完最后一层，将击样器内的试样两端整平，取出试样称量。对制备好的试样，应量测其直径和高度。试样的平均直径应按下式计算：

$$D_0 = \frac{D_1 + 2D_2 + D_3}{4} \tag{2-13-1}$$

式中　D_1、D_2、D_3——分别为试样上、中、下部位的直径（mm）。

（4）砂类土的试样制备应先在压力室底座上依次放上透水板、橡皮膜和对开圆模（见图 2-13-6）。根据砂样的干密度及试样体积，称取所需的砂样质量，分三等分，将每份砂样填入橡皮膜内，填至该层要求的高度，依次第二层、第三层，直至膜内填满为止。当制备饱和试样时，在压力室底座上依次放透水板、橡皮膜和对开圆模，在膜内注入纯水至试样高度的1/3，将砂样分三等分，在水中煮沸，待冷却后分三层，按预定的干密度填入橡皮膜内，直至膜内填满为止。当要求的干密度较大时，填砂过程中，轻轻敲打对开圆模，使所称的砂样填满规定的体积，整平砂面，放上透水板、试样帽，扎紧橡皮膜。对试样内部施加5kPa负压力使试样能站立，拆除对开圆模。

(5) 试样饱和宜选用下列方法：

1) 抽气饱和：将试样装入饱和器内，按本篇第1.6.4节（2）～（4）条的步骤进行。

2) 水头饱和：将试样按本章第13.7.1节的步骤安装于压力室内。试样周围不贴滤纸条。施加20kPa周围压力。提高试样底部量管水位，降低试样顶部量管的水位，使两管水位差在1m左右，打开孔隙水压力阀、量管阀和排水管阀，使纯水从底部进入试样，从试样顶部溢出，直至流入水量和溢出水量相等为止。当需要提高试样的饱和度时，宜在水头饱和前，从底部将二氧化碳气体通入试样，置换孔隙中的空气。二氧化碳的压力以5～10kPa为宜，再进行水头饱和。

3) 反压力饱和：试样要求完全饱和时，应对试样施加反压力。反压力系统和周围压力系统相同（对不固结不排水剪实验可用同一套设备施加），但应用双层体变管代替排水量管。试样装好后，调节孔隙水压力等于大气压力，关闭孔隙水压力阀、反压力阀、体变管阀、测记体变管读数。开周围压力阀，先对试样施加20kPa的周围压力，开孔隙水压力阀，待孔隙水压力变化稳定，测记读数，关孔隙水压力阀。反压力应分级施加，同时分级施加周围压力，以尽量减少对试样的扰动。周围压力和反压力的每级增量宜为30kPa。开体变管阀和反压力阀，同时施加周围压力和反压力，缓慢打开孔隙水压力阀，检查孔隙水压力增量，待孔隙水压力稳定后，测记孔隙水压力和体变管读数，再施加下一级周围压力和孔隙水压力。计算每级周围压力引起的孔隙水压力增量，当孔隙水压力增量与周围压力增量之比 $\Delta u/\Delta\sigma_3 > 0.98$ 时，认为试样饱和。

13.6 不固结不排水剪实验

13.6.1 试样的安装

(1) 在压力室的底座上，依次放上不透水板、试样及不透水试样帽，将橡皮膜用承膜筒套在试样外，并用橡皮圈将橡皮膜两端与底座及试样帽分别扎紧。

(2) 将压力室罩顶部活塞提高，放下压力室罩。将活塞对准试样中心，并均匀地拧紧底座连接螺母。向压力室内注满纯水，待压力室顶部排气孔有水溢出时，拧紧排气孔，并将活塞对准测力计和试样顶部。

(3) 将离合器调至粗位，转动粗调手轮，当试样帽与活塞及测力计接近时，将离合器调至细位，改用细调手轮，使试样帽与活塞及测力计接触，装上变形指示计，将测力计和变形指示计调至零位。

13.6.2 试样剪切

(1) 关排水阀，开周围压力阀，施加周围压力。

（2）剪切应变速率宜为每分钟应变 0.5％～1.0％。

（3）启动电动机，合上离合器，开始剪切。试样每产生 0.3％～0.4％ 的轴向应变（或 0.2mm 变形值），测记一次测力计读数和轴向变形值。当轴向应变大于 3％ 时，试样每产生 0.7％～0.8％ 的轴向应变（或 0.5mm 变形值），测记一次。

（4）当测力计读数出现峰值时，剪切应继续进行到轴向应变为 15％～20％。

（5）实验结束，关电动机，关周围压力阀，脱开离合器，将离合器调至粗位，转动粗调手轮，将压力室降下，打开排气孔，排除压力室内的水，拆卸压力室罩，拆除试样，描述试样破坏形状，称试样质量，并测定含水率。

13.6.3 记录、计算与绘图

（1）轴向应变应按下式计算：

$$\varepsilon_1 = \frac{\Delta h_1}{h_0} \times 100 \tag{2-13-2}$$

式中 ε_1——轴向应变（％）；

Δh_1——剪切过程中试样的高度变化（mm）；

h_0——试样初始高度（mm）。

（2）试样面积的校正，应按下式计算：

$$A_a = \frac{A_0}{1 - \varepsilon_1} \tag{2-13-3}$$

式中 A_a——试样的校正断面积（cm^2）；

A_0——试样的初始断面积（cm^2）。

（3）主应力差应按下式计算：

$$\sigma_1 - \sigma_3 = \frac{CR}{A_a} \times 10 \tag{2-13-4}$$

式中 $\sigma_1 - \sigma_3$——主应力差（kPa）；

σ_1——大总主应力（kPa）；

σ_3——小总主应力（kPa）；

C——测力计率定系数（N/0.01mm）；

R——测力计读数（0.01mm）；

10——单位换算系数。

（4）以主应力差为纵坐标，轴向应变为横坐标，绘制主应力差与轴向应变关系曲线（图 2-13-7）。取曲线上主应力差的峰值作为破坏点，无峰值时，取 15％ 轴向应变时的主应力差值作为破坏点。

（5）以剪应力为纵坐标，法向应力为横坐标，在横坐标轴以破坏时的 $\frac{\sigma_{1f} + \sigma_{3f}}{2}$ 为圆心，以 $\frac{\sigma_{1f} - \sigma_{3f}}{2}$ 为半径，在 $\tau\sigma$ 应力平面上绘制破损应力圆，并绘制不同周围压力下破损应力圆的包线，求出不排水强度参数（图 2-13-8）。

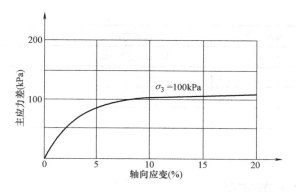

图 2-13-7　主应力差与轴向应变关系

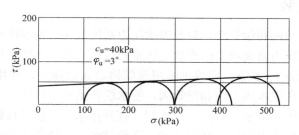

图 2-13-8　不固结不排水剪强度包线

（6）不固结不排水剪实验的记录格式，见表 2-13-2。

不固结不排水剪三轴实验记录　　　　　　　　　　　　　表 2-13-2

工程编号	实验者
试样编号	计算者
实验日期	校核者

（1）含水率

盒号		
湿土质量(g)		
干土质量(g)		
含水率(%)		
平均含水率(%)		

| 试样
草图 | |

（2）密度

试样面积(cm²)	
试样高度(cm)	
试样体积(cm³)	
试样质量(g)	
密度(g/cm³)	

| 试样
破坏
草图 | |

钢环系数	N/0.01mm
剪切速率	mm/min
周围压力	kPa

77

（3）不排水剪

轴向变形	轴向应变	校正面积	钢环读数	$\sigma_1-\sigma_3$
（0.01mm）	ε_1（%）	$A_0/(1-\varepsilon_1)$（cm²）	（0.01mm）	（kPa）

13.7 固结不排水剪实验

13.7.1 试样的安装

（1）开孔隙水压力阀和量管阀，对孔隙水压力系统及压力室底座充水排气后，关孔隙水压力阀和量管阀。压力室底座上依次放上透水板、湿滤纸、试样、湿滤纸、透水板，试样周围贴浸水的滤纸条 7～9 条。将橡皮膜用承膜筒套在试样外，并用橡皮圈将橡皮膜下端与底座扎紧。打开孔隙水压力阀和量管阀，使水缓慢地从试样底部流入，排除试样与橡皮膜之间的气泡，关闭孔隙水压力阀和量管阀。打开排水阀，使试样帽中充水，放在透水板上，用橡皮圈将橡皮膜上端与试样帽扎紧，降低排水管，使管内水面位于试样中心以下 20～40cm，吸除试样与橡皮膜之间的余水，关排水阀。需要测定土的应力应变关系时，应在试样与透水板之间放置中间夹有硅脂的两层圆形橡皮膜，膜中间应留有直径为 1cm 的圆孔排水。

（2）压力室罩安装、充水及测力计调整应按本章第 13.6.1 节（2）、（3）条的步骤进行。

13.7.2 试样排水固结

（1）调节排水管使管内水面与试样高度的中心齐平，测记排水管水面读数。

（2）开孔隙水压力阀，使孔隙水压力等于大气压力，关孔隙水压力阀，记下初始读数。当需要施加反压力时，应按本章第 13.5 节第（5）条 3）款的步骤进行。

（3）将孔隙水压力调至接近周围压力值，施加周围压力后，再打开孔隙水压力阀，待孔隙水压力稳定测定孔隙水压力。

（4）打开排水阀。当需要测定排水过程时，应测记排水管水面及孔隙水压力读数，直至孔隙水压力消散 95% 以上。固结完成后，关排水阀，测记孔隙水压力和排水管水面读数。

（5）微调压力机升降台，使活塞与试样接触，此时轴向变形指示计的变化值为试样固结时的高度变化。

13.7.3 试样剪切

（1）剪切应变速率：黏性土宜为每分钟应变 0.05%～0.1%；粉土为每分钟应变 0.1%～0.5%。

（2）将测力计、轴向变形指示计及孔隙水压力读数均调整至零。

（3）启动电动机，合上离合器，开始剪切。测力计、轴向变形、孔隙水压力应按第13.6.2节的（2）、（3）条的步骤进行测记。

（4）实验结束，关电动机，关各阀门，脱开离合器，将离合器调至粗位，转动粗调手轮，将压力室降下，打开排气孔，排除压力室内的水，拆卸压力室罩，拆除试样，描述试样的破坏形状，称试样质量，并测定试样的含水率。

13.7.4 记录、计算与绘图

（1）试样固结后的高度，应按下式计算：

$$h_c = h_0 \left(1 - \frac{\Delta V}{V_0} \right)^{1/3}$$ 　　　　　　（2-13-5）

式中　h_c——试样固结后的高度（cm）；

　　　ΔV——试样固结后与固结前的体积变化（cm³）。

（2）试样固结后的面积，应按下式计算：

$$A_c = A_0 \left(1 - \frac{\Delta V}{V_0} \right)^{2/3}$$ 　　　　　　（2-13-6）

式中　A_c——试样固结后的断面积（cm²）。

（3）试样面积的校正，应按下式计算：

$$A_a = \frac{A_c}{1 - \varepsilon_1}$$ 　　　　　　（2-13-7）

$$\varepsilon_1 = \frac{\Delta h}{h_c}$$ 　　　　　　（2-13-8）

（4）主应力差按式（2-13-4）计算。

（5）有效主应力比应按下式计算：

1）有效大主应力：

$$\sigma_1' = \sigma_1 - u$$ 　　　　　　（2-13-9）

式中　σ_1'——有效大主应力（kPa）；

　　　u——孔隙水压力（kPa）。

2）有效小主应力：

$$\sigma_3' = \sigma_3 - u$$ 　　　　　　（2-13-10）

式中　σ_3'——有效小主应力（kPa）。

3）有效主应力比：

$$\frac{\sigma_1'}{\sigma_3'} = 1 + \frac{\sigma_1' - \sigma_3'}{\sigma_3'} = 1 + \frac{\sigma_1 - \sigma_3}{\sigma_3'}$$ 　　　　　　（2-13-11）

（6）孔隙水压力系数，应按下式计算：

1）初始孔隙水压力系数：

$$B = \frac{u_0}{\sigma_3}$$ 　　　　　　（2-13-12）

式中　B——初始孔隙水压力系数；

　　　u_0——施加周围压力产生的孔隙水压力（kPa）。

2）破坏时孔隙水压力系数：

$$A_f = \frac{u_f}{B(\sigma_1 - \sigma_3)_f}$$ (2-13-13)

式中 A_f——破坏时的孔隙水压力系数；

u_f——试样破坏时，主应力差产生的孔隙水压力（kPa）。

（7）主应力差与轴向应变关系曲线，应按本章第 13.6.3 节（4）条的规定绘制（图2-13-7）。

（8）以有效应力比为纵坐标，轴向应变为横坐标，绘制有效应力比与轴向应变曲线（图2-13-9）。

（9）以孔隙水压力为纵坐标，轴向应变为横坐标，绘制孔隙水压力与轴向应变关系曲线（图2-13-10）。

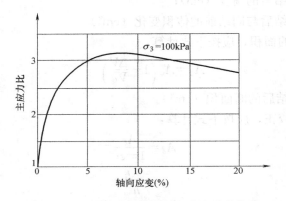

图 2-13-9　有效应力比与轴向应变关系曲线

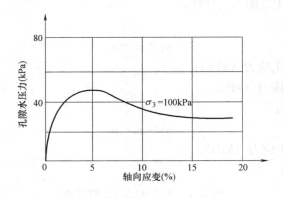

图 2-13-10　孔隙水压力与轴向应变关系曲线

（10）以 $\dfrac{\sigma_1' - \sigma_3'}{2}$ 为纵坐标，$\dfrac{\sigma_1' + \sigma_3'}{2}$ 为横坐标，绘制有效应力路径曲线（图2-13-11）。并计算有效内摩擦角和有效黏聚力。

1）有效内摩擦角：

$$\varphi' = \sin^{-1} \tan\alpha$$ (2-13-14)

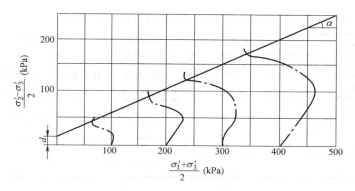

图 2-13-11　应力路径曲线

式中　φ'——有效内摩擦角（°）；

　　　α——应力路径图上破坏点连线的倾角（°）。

2）有效黏聚力：

$$c' = \frac{d}{\cos\varphi'} \tag{2-13-15}$$

式中　c'——有效黏聚力（kPa）；

　　　d——应力路径上破坏点连线在纵轴上的截距（kPa）。

（11）以主应力差或有效应力比的峰值作为破坏点，无峰值时，以有效应力路径的密集点或轴向应变15%时的主应力差值作为破坏点，按本章第13.6.3节（5）条规定绘制破损应力圆及不同周围压力下的破损应力圆包线，并求出总应力强度参数；有效内摩擦角和有效黏聚力，应以 $\frac{\sigma_1' + \sigma_3'}{2}$ 为圆心，$\frac{\sigma_1' - \sigma_3'}{2}$ 为半径绘制有效破损应力圆确定（图2-13-12）。

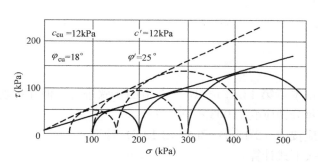

图 2-13-12　固结不排水剪强度包线

（12）固结不排水剪实验的记录格式见表 2-13-3。

固结不排水剪三轴实验记录　　　　　　　　　　表 2-13-3

工程编号　　　　　　　　　　　　　　　　实验者

试样编号　　　　　　　　　　　　　　　　计算者

实验日期　　　　　　　　　　　　　　　　校核者

（1）含水率

	实验前	实验后
盒号		
湿土质量(g)		
干土质量(g)		
含水率(%)		
平均含水率(%)		

（3）反压力饱和

周围压力 （kPa）	反压力 （kPa）	孔隙水压力 （kPa）	孔隙水压力增量 （kPa）

（2）密度

试样高度（cm）	
试样体积（cm³）	
试样质量（g）	
密度（g/cm³）	
试样草图	
试样破坏描述	
备注	

（4）固结排水

周围压力　　　　kPa 反压力　　　　kPa

孔隙水压力　　　　kPa

经过时间 （h min s）	孔隙水压力 （kPa）	量管读数 （mL）	排出水量 （mL）

（5）不排水剪切

钢环系数　　　　N/0.01mm　　剪切速率　　　　mm/min　周围压力　　　　kPa

反压力　　　　kPa　　　　初始孔隙水压力　　　　kPa　　温度　　　　℃

轴向 变形 （0.01mm）	轴向 应变 ε_1（%）	校正面积 $A_0/(1-\varepsilon_1)$ （cm²）	钢环 读数 （0.01mm）	$\sigma_1-\sigma_3$ （kPa）	孔隙水 压力 （kPa）	σ_1'（kPa）	σ_3'（kPa）	σ_1'/σ_3'	$\dfrac{\sigma_1'-\sigma_3'}{2}$ （kPa）	$\dfrac{\sigma_1'+\sigma_3'}{2}$ （kPa）

13.8　固结排水剪实验

（1）试样的安装、固结、剪切应按本章第 13.7.1～13.7.3 节的步骤进行。但在剪切过程中应打开排水阀。剪切速率采用每分钟应变 0.003%～0.012%。

（2）试样固结后的高度、面积，应按式（2-13-5）和式（2-13-6）计算。

（3）剪切时试样面积的校正，应按下式计算：

$$A_a = \frac{V_c - \Delta V_i}{h_c - \Delta h_i} \tag{2-13-16}$$

式中　ΔV_i——剪切过程中试样的体积变化（cm³）；

　　　Δh_i——剪切过程中试样的高度变化（cm）。

（4）主应力差按式（2-13-4）计算。

（5）有效应力比及孔隙水压力系数，应按式（2-13-9）～式（2-13-11）和式（2-13-12）～式（2-13-13）计算。

（6）主应力差与轴向应变关系曲线应按本章第 13.6.3 节的（4）条规定绘制。

（7）有效主应力比与轴向应变关系曲线应按本章第 13.7.4 节（8）条规定绘制。

（8）以体积应变为纵坐标，轴向应变为横坐标，绘制体应变与轴向应变关系曲线。

（9）破损应力圆，有效内摩擦角和有效黏聚力应按本章第 13.7.4 节（11）条的步骤绘制和确定（图 2-13-13）。

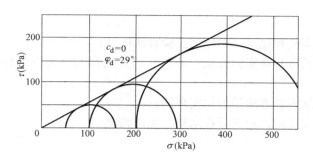

图 2-13-13　固结排水剪强度包线

（10）固结排水剪实验的记录格式见表 2-13-4。

固结排水剪三轴实验记录

表 2-13-4

工程编号　　　　　　　　　　　　　　　　实验者

试样编号　　　　　　　　　　　　　　　　计算者

实验日期　　　　　　　　　　　　　　　　校核者

（1）含水率

	实验前	实验后
盒号		
湿土质量（g）		
干土质量（g）		
含水率（%）		
平均含水率（%）		

（3）反压力饱和

周围压力 （kPa）	反压力 （kPa）	孔隙水压力 （kPa）	孔隙水压力增量 （kPa）

（4）固结排水

周围压力　　　　kPa　　　　反压力　　　　kPa

孔隙水压力　　　　kPa

经过时间 （h min s）	孔隙水压力 （kPa）	量管读数 （mL）	排出水量 （mL）

（2）密度

试样高度（cm）	
试样体积（cm³）	
试样质量（g）	
密度（g/cm³）	
试样草图	
试样破坏描述	
备注	

（5）排水剪切

钢环系数　　　　N/0.01mm　　　剪切速率　　　　mm/min　　　周围压力　　　　kPa

反压力　　　　kPa　　　　　　初始孔隙水压力　　　　kPa　　　温度　　　　℃

轴向 变形 0.01mm	轴向 应变 ε_1（%）	校正面积 $\dfrac{V_c-\Delta V_i}{h_c-\Delta h_i}$ （cm²）	钢环 读数 0.01mm	主应 力差 $\sigma_1-\sigma_3$ （kPa）	比值 $\dfrac{\varepsilon_1}{\sigma_1-\sigma_3}$ （kPa）	量管读数 （cm³）	剪切排水 量（cm³）	体应变 $\varepsilon_v=\dfrac{\Delta V_i}{V_c}$ （%）	径向应变 $\varepsilon_3=\dfrac{\varepsilon_v-\varepsilon_1}{2}$ （%）	比值 $\dfrac{\varepsilon_3}{\varepsilon_1}$	应力比 σ_1'/σ_3'

思考题

1. 与直接剪切实验相比，三轴压缩实验有何优点？

2. 三轴压缩实验有几种实验方法？各种实验方法得到的强度指标如何表示，意义有何不同？

3. 各种三轴压缩实验方法是如何实现的？

4. 由三轴压缩实验可以得到哪些结果？如何确定？

第 14 章　无侧限抗压强度实验

14.1　概述

"土力学"课程中在"土的抗剪强度"一章中"测定抗剪强度的其他方法"一节涉及这部分内容。测定土体的抗剪强度的室内实验方法主要包括直接剪切实验、三轴压缩实验和无侧限抗压强度实验。其中无侧限抗压强度实验适用于饱和低渗透性的黏性土，是三轴压缩实验中的不固结不排水的一种简化实验手段。理论上，对于饱和黏性土三轴压缩实验的不固结不排水剪切实验结果的强度包线为一条水平线，其内摩擦角为零，因此只需要获得黏聚力，即极限应力圆的半径。因此无侧限抗压强度实验只需做出其中的一个极限应力圆，即最小主应力为零的极限应力圆，在不施加任何侧压力的条件下获得最大主应力，破坏的时候即称为无侧限抗压强度 q_u，$q_u/2$ 即为不固结不排水条件下的黏聚力 c_u。

本章所述的具体实验方法主要依据《土工试验方法标准》GB/T 50123—1999。

14.2　无侧限抗压强度实验

14.2.1　主要仪器设备

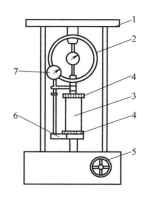

图 2-14-1　应变控制式无限限压缩仪
1—轴向加荷架；2—轴向测力计；
3—试样；4—上、下传压板；5—手柄；
6—升降板；7—轴向位移计

（1）应变控制式无侧限压缩仪：由测力计、加压框架、升降设备组成（图 2-14-1）。

（2）轴向位移计：量程 10mm，分度值 0.01mm 的百分表或准确度为全量程 0.2% 的位移传感器。

（3）天平：称量 500g，最小分度值 0.1g。

14.2.2　试样制备

原状土试样制备应按本篇第 13.5 节（1）、（2）条的步骤进行。试样直径宜为 35～50mm，高度与直径之比宜采用 2.0～2.5。

14.2.3　实验步骤

（1）将试样两端抹一薄层凡士林，在气候干燥时，试样周围亦需抹一薄层凡士林，防止水分蒸发。

（2）将试样放在底座上，转动手轮，使底座缓慢上升，试样与加压板刚好接触，将测力计读数调整为零。根据试样的软硬程度选用不同量程的测力计。

（3）轴向应变速率宜为每分钟应变1%～3%。转动手柄，使升降设备上升进行压缩实验，轴向应变小于3%时，每隔0.5%应变（或0.4mm）读数一次；轴向应变等于、大于3%时，每隔1%应变（或0.8mm）读数一次。实验宜在8～10min内完成。

（4）当测力计读数出现峰值时，继续进行3%～5%的应变后停止实验；当读数无峰值时，实验应进行到应变达20%为止。

（5）实验结束，取下试样，描述试样破坏后的形状。

（6）当需要测定灵敏度时，应立即将破坏后试样除去涂有凡士林的表面，加少许余土，包于塑料膜内用手搓捏，破坏其结构，重塑成圆柱形，放入重塑筒内，用金属垫板，将试样挤成与原状试样尺寸、密度相等的试样，并按本节（1）～（5）条的步骤进行实验。

14.2.4 记录、计算与绘图

（1）轴向应变，应按下式计算：

$$\varepsilon_1 = \frac{\Delta h}{h_0}$$

（2-14-1）

（2）试样面积的校正，应按下式计算：

$$A_a = \frac{A_0}{1 - \varepsilon_1}$$

（2-14-2）

（3）试样所受的轴向应力，应按下式计算：

$$\sigma = \frac{C \cdot R}{A_a} \times 10$$

（2-14-3）

式中　σ——轴向应力（kPa）；

　　　10——单位换算系数。

（4）以轴向应力为纵坐标，轴向应变为横坐标，绘制轴向应力与轴向应变关系曲线（图2-14-2）。取曲线上最大轴向应力作为无侧限抗压强度q_u，当曲线上峰值不明显时，取轴向应变15%所对应的轴向应力作为无侧限抗压强度q_u。

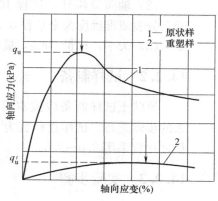

图2-14-2　轴向应力与轴向应变关系曲线

（5）灵敏度应按下式计算：

$$S_t = \frac{q_u}{q_u'}$$

（2-14-4）

式中　S_t——灵敏度；

　　　q_u——原状试样的无侧限抗压强度（kPa）；

　　　q_u'——重塑试样的无侧限抗压强度（kPa）。

（6）无侧限抗压强度实验的记录格式见表 2-14-1。

无侧限抗压强度实验记录 表 2-14-1

工程名称		实验者	
工程编号		计算者	
实验日期		校核者	

试样初始高度 h_0	cm	量力环率定系数 C	N/0.01mm
试样直径 D	cm	原状试样无侧限抗压强度 $q_u=$	kPa
试样面积 A_0	cm²	重塑试样无侧限抗压强度 $q_u'=$	kPa
试样质量 m	g	灵敏度 $S_t=$	
试样密度 ρ	g/cm³		

轴向变形 （mm）	量力环读数 （0.01mm）	轴向应变 （%）	校正面积 （cm³）	轴向应力 （kPa）	试样破坏描述
（1）	（2）	（3）＝（1）/h_0×100	（4）＝A_0/［1－（3）］	（5）＝（2）C/（4）×100	

思考题

1. 无侧限抗压强度实验的适用条件是什么？
2. 如何由实验得到无侧限抗压强度与灵敏度？

第 15 章　现场十字板剪切实验

15.1　概述

　　"土力学"课程中在"土的抗剪强度"一章中"测定抗剪强度的其他方法"一节涉及这部分内容。测定土体抗剪强度的实验除了前几章所述的室内实验方法外，还有一些现场原位测试方法，而现场十字板剪切实验是常用的方法之一。

　　十字板剪切实验是用插入软黏土中的十字板头，以一定的速率旋转，测出土的最大抵抗力矩，换算其抗剪强度 τ_f，相当于内摩擦角 $\varphi_u = 0$ 时的黏聚力 c_u 值。它适用于原位测定饱和软黏土的不排水抗剪强度和灵敏度。

　　十字板剪切实验按力的传递方式分为电测式和机械式两类。

　　本章所述的具体实验方法主要依据《土工试验规程》中的《十字板剪切试验》SL 237—044—1999。

15.2　电测式十字板剪切实验

15.2.1　仪器设备

　　(1) 压入主机：应能将十字板头垂直压入土中，可采用触探主机或其他压入设备。

　　(2) 十字板头：基本参数应符合《岩土工程仪器基本参数及通用技术条件》GB/T 15406—2007 表 16 的规定；其机械和材料要求应符合该标准 6.2.2.1 和 6.2.2.2 的规定。

　　(3) 扭力量测仪表：传感器和量测仪表应符合《岩土工程仪器基本参数及通用技术条件》GB/T 15406—2007 6.2.2.4 的规定。

　　(4) 扭力装置：由蜗轮蜗杆、变速齿轮、钻杆夹具和手柄组成。

　　(5) 其他：钻杆、水平尺、管钳等。

　　(6) 测力传感器通过施加扭矩的圆盘和误差不大于 ±0.1% 的专用砝码，参照《力传感器检定规程》JJG 391—2009 的方法进行检定。其结果应满足本节 (3) 中的要求。

15.2.2　操作步骤

　　(1) 在实验点两旁将地锚旋入土中，安装和固定压入主机，用分度值为 1mm 的水平尺校平，并安装好施加扭力的装置。

　　(2) 将十字板头接在扭力传感器上并拧紧。把穿好电缆的钻杆插入扭力装置的钻杆夹具孔内，将传感器的电缆插头与穿过钻杆的电缆插座连接，并进行防水处理。接通量测仪表，然后拧紧钻杆。钻杆应平直，接头要拧紧。宜在十字板以上 1m 的钻杆接头处加扩孔器。

（3）将十字板头压入土中预定的实验深度后，调整机架使钻杆位于机架面板导孔中心。

（4）拧紧扭力装置上的钻杆夹具，并将量测仪表调零或读取初读数。

（5）顺时针方向转动扭力装置上的手摇柄，当量测仪表读数开始增大时，即开动秒表，以 0.1°/s 的速率旋转钻杆。每转 1°测记读数 1 次。应在 2min 内测得峰值。当读数出现峰值或稳定值后，再继续旋转测记 1 min。峰值或稳定值作为原状土剪切破坏时的读数。

（6）松开钻杆夹具，用扳手或管钳快速将钻杆顺时针方向旋转 6 圈，使十字板头周围的土充分扰动后，立即拧紧钻杆夹具，按本节步骤（5）的规定，测记重塑土剪切破坏时的读数。重塑土的抗剪强度实验视工程需要而定，一般情况下可酌情减少实验次数。

（7）如需继续进行实验，可松开钻杆夹具，将十字板头压至下一个实验深度，按本节（4）～（6）的规定进行。

（8）全孔实验完毕后，逐节提取钻杆和十字板头，清洗干净，检查各部件完好程度。

15.2.3　记录、计算和制图

（1）按下列公式计算十字板剪切强度 c_u、c_u'：

$$c_u = 10K'\xi R_y \tag{2-15-1}$$

$$c_u' = 10K'\xi R_e \tag{2-15-2}$$

$$K' = \cfrac{2}{\pi D^2 H \left(1 + \cfrac{D}{3H}\right)} \tag{2-15-3}$$

式中　c_u——原状土抗剪强度（kPa）；

$\quad\quad c_u'$——重塑土抗剪强度（kPa）；

$\quad\quad D$——十字板头直径（cm）；

$\quad\quad H$——十字板头高度（cm）；

$\quad\quad \xi$——传感器率定系数即（N·cm/$\mu\varepsilon$）；

$\quad\quad R_y$——原状土剪切破坏时的读数（$\mu\varepsilon$）；

$\quad\quad R_e$——重塑土剪切破坏时的读数（$\mu\varepsilon$）；

$\quad\quad K'$——与十字板头尺寸有关的常数（cm^{-3}）；

$\quad\quad 10$——单位换算系数。

按下式计算土的灵敏度 S_t：

$$S_t = c_u / c_u' \tag{2-15-4}$$

（2）绘制抗剪强度 c_u 值随深度变化曲线，如图 2-15-1 所示。必要时绘制各实验点的抗剪强度与转动角的关系曲线，如图 2-15-2 所示。

（3）本实验记录格式如表 2-15-1。

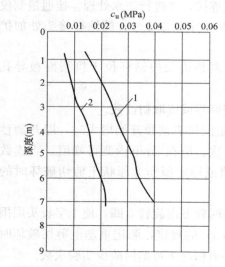

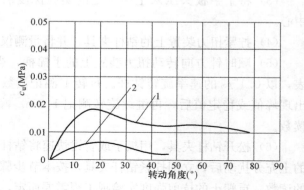

图 2-15-1　抗剪强度随深度变化曲线
1—原状土；2—扰动土

图 2-15-2　抗剪强度与转角变化曲线
1—原状土；2—扰动土

十字板剪切实验记录表　　　　　　　　　　表 2-15-1

工程名称	实验地点	实验孔号

实验日期

实验者	记录者	校核者

孔口标高：　　　　　　实验深度：　　　　　　　　稳定水位：
十字板规格：D　　　　　(mm)　H　　　　　　(mm)　$K(K')$
钢环（传感器）编号：　　　　率定系数　　　　　　　(N/mm 或 N·cm/$\mu\varepsilon$)

序号	原状土		重塑土		轴杆	备注
	百分表读数 (0.01mm) 应变仪读数($\mu\varepsilon$)	抗剪强度 c_u (kPa)	百分表读数 (0.01mm) 应变仪读数($\mu\varepsilon$)	抗剪强度 c'_u (kPa)	百分表度数 (0.01mm)	

15.3　机械式十字板剪切实验

15.3.1　仪器设备

（1）机械式十字板剪切仪：采用《土工试验仪器　剪切仪第 2 部分：现场十字板剪切仪》GB/T 4934.2—2008 标准，由十字板头、钻杆和扭力装置组成，如图 2-15-3 所示。

（2）十字板头：基本参数、机械和材料要求应符合本章 15.2.1（2）的规定。连接形式有离合式和牙嵌式，如图 2-15-4 所示。

（3）钻杆：应符合《岩土工程仪器基本参数及通用技术条件》GB/T 15406——2007标准 6.2.2.1 的规定。

（4）扭力装置：由开口钢环、刻度盘、旋转手柄等组成。量程和准确度应符合《岩土工程仪器基本参数及通用技术条件》GB/T 15406—2007 6.2.2.4 的规定。

（5）开口钢环：应参照《标准测力仪检定规程》JJG 144—2007 进行检定。

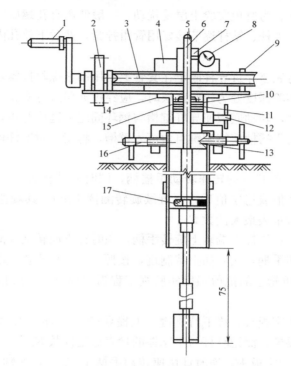

图 2-15-3　机械式十字板剪切仪示意图

1—手摇柄；2—齿轮；3—涡轮；4—开口钢环；5—导杆；6—特制键；

7—固定夹；8—量表；9—支座；10—压圈；11—平面弹子盘；

12—锁紧轴；13—底座；14—固定套；15—横销；16—制紧轴；17—导轮

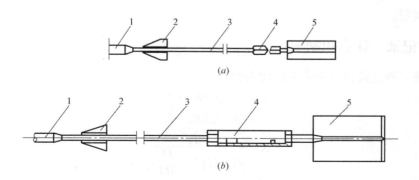

图 2-15-4　十字板头离合器示意图

（a）离合式；（b）牙嵌式

1—钻杆；2—导轮；3—轴杆；4—离合器；5—十字板头

15.3.2 操作步骤

（1）在实验地点按钻探深度，将套管下至欲测试深度以上 3～5 倍套管直径处。

（2）用木套管夹或链条钳将套管固定，以防套管下沉或扭力过大时套管发生反向旋转。

（3）清除孔内残土。为避免实验土层受扰动，一般使用有孔螺旋钻清孔。

（4）将十字板头、轴杆、钻杆逐节接好用管钳拧紧，然后下放孔内至十字板头与孔底接触。

（5）接上导杆，将底座穿过导杆固定在套管上，用制紧螺丝拧紧，然后将十字板头徐徐压至实验深度。当实验深度处为较硬夹层时，应穿过夹层进行实验。

（6）套上传动部件，转动底板使导杆键槽与钢环固定夹键槽对正，用锁紧螺丝将固定套与底座锁紧，再转动手摇柄使特制键自由落入键槽，将指针对准任何一整数刻度，装上百分表并调至零位。

（7）实验开始，以 0.1°/s 的转速转动手摇柄，同时开动秒表，每转 1°测记百分表读数 1 次。当读数出现峰值或稳定值后，再继续旋转测读 1min。其峰值度数或稳定值读数即为原状土剪切破坏时量表最大读数 R_y。

（8）拔出特制键，在导杆上端装上旋转手柄，顺时针方向转动 6 圈，使十字板头周围土充分扰动。取下旋转手柄，然后插上特制键，按照（7）的规定，测记重塑土剪切破坏时量表最大读数 R_e。重塑土的抗剪强度实验视工程需要而定，一般情况下可酌情减少实验次数。

（9）对于离合式十字板头，拔下特制键，上提导杆 2～3cm，使离合齿脱离，再插上特制键，匀速转动手摇柄，测记轴杆与土摩擦的量表稳定读数 R_g。

（10）对于牙嵌式十字板头，逆时针快速转动手柄 10 余圈，使轴杆与十字板头脱离，再顺时针方向匀速转动手柄．测记轴杆与土摩擦时的量表读数 R_g。

（11）实验完毕，卸下转动部件和底座，在导杆孔中插入吊钩，逐节提取钻杆和十字板头。清洗十字板头，检查螺丝是否松动，轴杆是否弯曲。

（12）水上进行十字板实验，当孔底土质软时，为防止套管在实验过程中下沉，应采用套管控制器。

15.3.3 记录、计算和制图

（1）按下列公式计算十字板剪切强度 c_u、c'_u：

$$c_u = 10KC(R_y - R_g) \tag{2-15-5}$$

$$c'_u = 10KC(R_e - R_g) \tag{2-15-6}$$

$$K = \frac{2L}{\pi D^2 H \left(1 + \dfrac{D}{3H}\right)} \tag{2-15-7}$$

式中　R_g——轴杆和钻杆与土摩擦时的量表最大读数（mm）；

　　　L——率定时的力臂长（cm）；

　　　C——钢环系数（N/mm）；

K——与十字板尺寸有关的常数（cm^{-2}）；

其他符号见本章 15.2.3 节。

（2）土的灵敏度的计算见式（2-15-4）。绘制抗剪强度 c_u 值随深度变化曲线，如图 2-15-1所示，必要时绘制各实验点的抗剪强度与转动角的关系曲线，如图 2-15-2 所示。

（3）本实验记录格式如表 2-15-1 所示。

思考题

1. 十字板剪切实验的适用条件是什么？

2. 如何由十字板剪切实验得到不排水抗剪强度与灵敏度？

第三篇 综合设计实验

为适应社会不断发展对人才多方面的需要，当代的大学教育要求培养具有高素质和较强的动手能力、实践能力和创新能力的大学生，实验教学是培养这些能力的重要手段。以往的实验教学主要以开设验证型与演示型的实验项目为主，随着现代教学改革的逐步深入，各高校越来越重视和深化实验教学改革，提高综合设计型实验教学内容的比例是重要的改革发展方向。在此大环境下，在土力学实验教学中开展探索型和综合设计型实验项目是大势所趋，最近全国范围内开展的大学生土力学、岩土工程竞赛实际上就是更高层次的土力学综合设计型实验的相关竞赛。

在综合设计型实验中，要求实验者从实验方案设计、实验仪器及材料准备、实验结果分析以及将实验成果与理论计算、分析结合起来解决实际工程问题等均要进行详尽周密的准备，充分调动实验者主观能动性，积极寻求解决方法。这些过程可以充分培养和锻炼学生综合应用所学知识解决实际工程问题的能力，而且可以使学生将已有的相关多学科理论知识加以融合、创新应用以解决实际工程问题。

下面的综合设计型实验项目，在满足土力学课程的实验教学大纲基本要求的前提下，从室内土工实验的工程目的出发，将本科实验教学内容和土力学课程相关内容有机融合在一起。不仅包括基本实验项目的实验操作、实验数据整理与分析，还进一步引申到利用实验结果进行工程应用与计算、评价和对比。不仅建立了土力学课程内容与实验教学内容的密切联系，而且突出了土力学实验方法的多样性，注重实验项目的工程实用性。

第 1 章 细粒土分类定名和状态评价实验

1.1 实验目的

主要针对黏性土进行分类定名，并评价其所处天然稠度状态。

要求设计实验方案，完成实验操作，提交实验报告。通过实验，对黏性土建立初步感性认识，掌握土的含水率测定方法，掌握黏性土界限含水率尤其是塑限 w_P 与液限 w_L 的测定方法并动手操作，计算塑性指数与液性指数。在此基础上，掌握根据界限含水率及塑性指数，采用不同的专业规范进行分类定名的方法；掌握根据界限含水率、天然含水率及液性指数评价黏性土所处天然稠度状态的方法。

1.2　实验仪器

提供电热烘箱、电子天平、液塑限联合测定仪、称量铝盒若干以及调土用的刀、器皿和毛巾等。

1.3　基本原理与计算

1.3.1　基本概念

液限：液态与可塑态的界限含水率，是细粒土呈可塑状态的上限含水率。将调好的土装入试样杯中，由所提供的液塑限联合测定仪的76g锥落入试样杯中，测出经过5s落入深度为17mm时对应的含水率，即为液限w_L。有些规范分类定名时用到w_{L10}，它是指经过5s落入深度为10mm时对应的含水率。

塑限：可塑态与半固态的界限含水率，是细粒土呈可塑状态的下限含水率。在该含水率时，土体开始变得具有脆性，细粒土搓揉时易破碎。将调好的土装入试样杯中，由所提供的液塑限联合测定仪的76g锥落入试样杯中，测出经过5s落入深度为2mm时对应的含水率，即为塑限w_P。

1.3.2　计算公式

塑性指数计算按如下公式进行

$$I_P = w_L - w_P \tag{3-1-1}$$

以天然含水率w计算液性指数如下

$$I_L = \frac{w - w_p}{w_L - w_p} \tag{3-1-2}$$

1.3.3　按不同的规范分类定名

在《土的工程分类标准》GB/T 50145—2007、水利部行业标准《土工试验规程》SL 237—1999以及《公路土工试验规程》JTG E40—2007中，细粒土的分类根据塑性图进行。塑性图的横坐标为液限w_L，纵坐标为塑性指数I_P，因此其分类与塑性指数和液限都有关系。在此分类中液限w_L及塑性指数I_P的计算均采用76g圆锥仪沉入土中深度为17mm时测定的液限。

在《建筑地基基础设计规范》GB 50007—2011、《岩土工程勘察规范》GB 50021—2001以及《港口工程地基规范》JTS 147—1—2010关于土的分类方法中，将粒径大于0.075mm的颗粒质量不超过总质量50%，且塑性指数$I_P \leqslant 10$的土定名为粉土；$I_P > 10$的土定名为黏性土。进一步地，如$10 < I_P \leqslant 17$，定名为粉质黏土；如$I_P > 17$，则定名为黏土。应注意的是，在此分类中，塑性指数由相应于76g圆锥仪沉入土中深度为10mm时测定的液限计算而得。

1.4　实验步骤

实验前应根据实验目的要求查阅相关规范资料，确定所需测定的实验指标，制定实验方案和步骤，明确所使用的实验仪器。具体依据第二篇第 3 章和第 7 章。

将实验方案交给指导老师批阅，进行修改完善。

进行实验前准备工作，包括准备实验土样，确认液塑限联合测定仪的正常有效；按照实验方案进行实验，记录有关数据，如落锥深度等，并记录实验中出现的一些异常现象；从满足要求的土样中取土放入铝盒中进行含水率测定，注意称土与盒的湿重并记录盒的编号；放入烘箱中烘干，然后再称土与盒的干重。

实验完成后，及时计算各土样的含水率、作图并求取相关数据，如结果有异常应分析原因。

根据实验结果，依据有关规范资料对该土进行分类定名和稠度状态评价。

1.5　实验报告撰写

实验报告包括实验目的、实验步骤、实验数据记录和计算整理、绘制图表、分类定名与状态评价、结果讨论以及心得体会等。实验报告格式具体可参看附录 A。

第 2 章　饱和黏土地基固结与变形分析实验

2.1　实验目的

进一步对黏性土增加感性认识，针对具体工程实例，基于实验得到的参数进行固结与变形分析计算。

掌握天然含水率、土粒比重、天然密度这三个土的基本物理性质指标的实验室测定方法，掌握用三个基本实验指标推算土的其他三相指标（如孔隙比、饱和度等）的方法；掌握通过固结（压缩）实验确定土的压缩曲线、压缩模量、压缩系数、压缩指数、回弹指数、固结系数的方法；掌握通过压缩曲线确定先期固结压力与现场原位压缩曲线的方法；基于实验获得的相关参数，结合工程实际，利用土力学的变形与固结理论进行地基的变形量与固结度的分析与计算。

2.2　实验仪器

提供电热烘箱、电子天平三个（最小分度值分别为 0.1g，0.01g 及 0.001g）、铝盒若干、环刀、比重瓶、恒温水槽、砂浴、温度计、固结容器（包括环刀、护环、透水板、水槽、加压上盖等）、砝码及吊盘等加压设备、百分表等变形量测设备。

2.3　基本原理与计算

根据土的含水率、土粒比重、密度这三个基本物理性质指标计算得到其他物理性质指标的公式算法，以及根据固结实验得到的压缩曲线确定压缩模量、压缩系数、压缩指数、回弹指数、固结系数、先期固结压力等的方法前面章节已有介绍，下面介绍现场原位压缩曲线的确定方法以及地基变形与固结度的有关计算。

2.3.1　现场原位压缩曲线及其确定方法

室内测得的压缩曲线是受扰动影响的。如果设想土样未从地基中取出，直接在现场条件下增加荷载，这时 $e\text{-}\lg p$ 的关系线就称为现场原位压缩曲线。现场原位压缩曲线是无法直接测得的，只能根据室内实验曲线经过修正得到。

（1）正常固结土与欠固结土的现场原位压缩曲线

对正常固结土或欠固结土，天然条件下，其有效应力为 p_c（p_c 可采用第二篇 10.3.2 节（10）条的方法确定），假定室内实验测得的初始孔隙比 e_0 代表天然孔隙比，于是（e_0，p_c）就是现场原位压缩曲线上的一点，如图 3-2-1 点 B。另外，根据实验研究发现，各种扰动程度的室内压缩曲线，在 e-$\lg p$ 坐标上大致交汇于 $0.42e_0$ 处。这样就可以在室内压缩曲线上找出对应 $0.42e_0$ 的点 C，这一点也是现场原位压缩曲线上一点，将上述两点 B、C 相连，便得到正常固结土或欠固结土的现场原位压缩曲线，其斜率 C_c 即为压缩指数。

（2）超固结土的现场原位压缩曲线

对超固结土，室内实验应测得膨胀再压缩线，其斜率为 C_s，如图 3-2-2 所示，其中 p_c 值依然采用第二篇 10.3.2 节（10）条的方法确定。

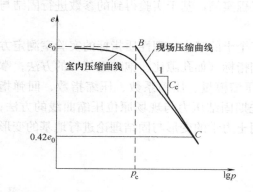

图 3-2-1　正常（欠）固结土的现场原位压缩曲线　　图 3-2-2　超固结土的现场原位压缩曲线

超固结土，在天然条件下，其膨胀过程已经完成，竖向有效应力为自重应力 σ_c，于是点（e_0，σ_c）应是现场原位压缩曲线上一点，如图 3-2-2 点 A。如果在自重应力基础上增加应力，则 e-$\lg p$ 关系应按膨胀再压缩线变化，直至 p_c。于是可由 A 点作一平行于实验所得膨胀再压缩线的直线，交于 $p=p_c$ 竖直线上一点 B，最后，在室内实验曲线上找到对应 $0.42e_0$ 的点 C，则折线 ABC 就是超固结土的现场原位压缩曲线，它由一段膨胀再压缩线 AB 和主支 BC 所组成。

2.3.2　基于 e-p 曲线的单向压缩分层总和法计算地基的最终变形量

由于地基通常是由具有不同压缩性质的多层土层所组成，而且有限面积基础下的地基附加应力在基底以下沿深度并非均匀分布，工程中常采用单向压缩分层总和法进行计算。即在地基可能产生压缩的深度范围内，按土的特性和应力状态的变化将土层划分成地基最终变形若干分层，然后在取得各土层的室内压缩实验结果 e-p 曲线后，即可由土层初始有效应力 p_1 和最终有效应力 p_2 分别由 e-p 曲线确定土的初始孔隙比 e_1 和最终孔隙比 e_2，从而按下式计算各分层地基的最终变形量 S_i

$$S_i = \frac{e_1 - e_2}{1 + e_1} H_1 \tag{3-2-1}$$

式中　H_1——土层的厚度。

或按下式计算

$$S_i = \frac{a}{1+e_1} pH_1 \tag{3-2-2}$$

式中　a——压缩系数；

　　　p——各分层平均地基附加应力。

或按下式计算

$$S_i = \frac{1}{E_s} pH_1 \tag{3-2-3}$$

式中　E_s——压缩模量。

最后，再将各分层的变形量 S_i 总和起来，即得地基的最终变形量 S

$$S = \sum_{i=1}^{n} S_i \tag{3-2-4}$$

用上述方法计算得到的地基变形量，宜按地区经验加以修正，即把计算的变形量乘以修正系数。修正系数根据大量实测资料与计算值对比分析得到。

《建筑地基基础设计规范》GB 50007—2011 在式（3-2-3）的基础上，推导出了另一种形式的单向压缩分层总和法的地基最终变形量计算公式。它与原单向压缩分层总和法的区别是：给出了变形计算经验修正系数的参考值，以及确定压缩层计算深度 z_n 的方法。具体计算可参考《建筑地基基础设计规范》GB 50007—2011。

2.3.3　基于 e-lg$p$ 曲线计算地基的最终变形量

使用 e-lg$p$ 曲线计算地基变形的优点是可以考虑地基土体的天然固结状态。实验室得到的 e-lg$p$ 曲线经修正后可得到的现场压缩曲线，在利用式（3-2-1）和式（3-2-4）时，现场压缩曲线上与土层初始有效应力 p_1 对应的为 e_0，与最终有效应力 p_2 对应的为 e_2'（图3-2-1）。因而公式（3-2-1）应改写为

$$S = \frac{e_0 - e_2'}{1+e_0} H_1 \tag{3-2-5}$$

只要在现场压缩曲线上确定出孔隙比的变化值 $(e_0 - e_2')$ 便可算得最终变形量。

（1）对正常固结土

由图 3-2-3，$p_1 = \sigma_c = p_c$，$p_2 = \sigma_c + \sigma_z$（$\sigma_z$ 为地基竖向附加应力，σ_c 为竖向自重应力，p_c 为先期固结压力）。根据压缩指数的定义式，知

$$e_0 - e_2' = C_c(\lg p_2 - \lg p_1) = C_c \lg \frac{p_2}{p_1} = C_c \lg \frac{\sigma_c + \sigma_z}{\sigma_c} \tag{3-2-6}$$

（2）对超固结土

1）当 $\sigma_z > (p_c - \sigma_c)$ 时，由图 3-2-4，孔隙比的变化由两部分组成：

$$e_0 - e_2' = C_s \lg \frac{p_c}{\sigma_c} + C_c \lg \frac{\sigma_c + \sigma_z}{p_c} \tag{3-2-7}$$

2）当 $\sigma_z < (p_c - \sigma_c)$ 时

$$e_0 - e_2' = C_s \lg \frac{\sigma_c + \sigma_z}{\sigma_c} \tag{3-2-8}$$

（3）对欠固结土

由图 3-2-5 得

$$e_0 - e_2' = C_c \lg \frac{\sigma_c + \sigma_z}{p_c} \tag{3-2-9}$$

利用 $e\text{-}\lg p$ 坐标上的现场压缩曲线，采用单向压缩分层总和法计算地基最终变形时，也要先把压缩层厚度范围内的地基分层，对每一分层应确定其 e_0、C_c（C_s）、σ_c、p_c、σ_z，然后根据其固结状态选择式（3-2-6）～式（3-2-9）中之适用者计算（$e_0 - e_2'$），代入式（3-2-5）得到该分层的压缩量，将各分层的压缩量叠加起来，由式（3-2-4）便得到总的地基最终变形量。

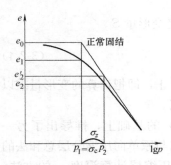 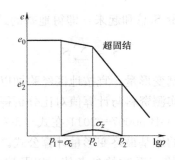 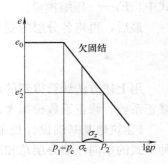

图 3-2-3　正常固结土的变形计算　　图 3-2-4　超固结土的变形计算　　图 3-2-5　欠固结土的变形计算

2.3.4　土层固结度及与时间有关的固结变形计算

理论分析得到双面排水条件下土层的固结度 U 为

$$U = 1 - \frac{8}{\pi^2}\left(e^{-\frac{\pi^2}{4}T_v} + \frac{1}{9}e^{-9\frac{\pi^2}{4}T_v} + \cdots\right) \tag{3-2-10}$$

式中　T_v——时间因数，无因次量，其值为

$$T_v = \frac{C_v t}{H^2} \tag{3-2-11}$$

其中　C_v——固结系数，可根据固结实验结果由时间平方根拟合法或时间对数拟合法等半经验方法得到；

　　　H——土层最大排水距离，对双面排水土层，为土层厚度的一半；对单面排水土层，为土层厚度；

　　　t——固结时间。

对于单面排水条件下，作用大面积均布荷载时也可采用（3-2-10）式计算固结度。

由于式（3-2-10）中的级数收敛得很快，故实际上当固结度 $U > 0.3$ 时，可只取其第一项，式（3-2-10）即简化为

$$U \approx 1 - \frac{8}{\pi^2}e^{-\frac{\pi^2}{4}T_v} \tag{3-2-12}$$

由此可见，固结度 U 为时间因数 T_v 的单值函数。

只要算得土层的固结度 U，便可由下式算出对应时刻土层的变形量

$$S_t = US \tag{3-2-13}$$

2.4 实验步骤

实验前应根据实验目的要求查阅相关规范资料，确定所需测定的实验指标，制定实验方案和步骤，明确所使用的实验仪器，具体依据第二篇第 3、4、5、10 章。

将实验方案交给指导老师批阅，进行修改完善。

进行实验前准备工作，包括准备实验土样，确认固结仪的正常有效；按照实验方案进行实验，首先测得含水率、土粒比重、密度这三个土的基本物理性质指标；然后进行固结实验，根据需要，进行加载以及卸载回弹固结实验，记录固结变形与时间相关的数据。

实验完成后，根据含水率、土粒比重、密度这三个土的基本实验指标推算土的其他三相指标（如孔隙比、饱和度等）；根据固结实验记录数据计算相关量确定土的压缩曲线；进一步由土的压缩曲线计算压缩模量、压缩系数、压缩指数、回弹指数、固结系数等；再通过压缩曲线确定先期固结压力与现场原位压缩曲线等。

基于实验获得的相关参数，结合工程实际和天然土层的固结状态，根据本章 2.3 节介绍的变形与固结理论分析计算地基的最终变形量与固结度等。

2.5 实验报告撰写

实验报告包括实验目的、实验步骤、实验数据记录和计算整理、实验图表、地基的最终变形量计算、固结度计算以及变形与时间有关的固结计算、结果讨论以及心得体会等。实验报告格式具体可参看附录 B。

第3章 砂土边坡稳定及地基承载力评价实验

3.1 实验目的

初步认识砂土，针对具体工程实例，基于实验得到的参数进行边坡稳定分析和地基承载力确定。

了解现场原位确定砂土密实度的方法，掌握砂土相对密实度的实验室测定方法；掌握实验室抗剪强度参数的测定方法，包括天然休止角实验、直剪实验、三轴剪切实验；掌握无黏性土坡稳定性分析方法和地基承载力的确定方法。

3.2 实验仪器

提供电热烘箱、电子天平两个（最小分度值分别为 0.1g 和 0.01g）、装土样盘若干；量筒（容积 500mL 和 1000mL）、长颈漏斗、砂面拂平器、金属圆筒（容积 250mL，内径为 5cm；容积 1000mL，内径为 10cm，高度均为 12.7cm，附护筒）、振动叉、击锤（锤质量 1.25kg，落高 15cm，锤底座直径 5cm）；休止角测试仪、勺子、水槽等；应变控制式直剪仪，包括剪切盒、垂直加压设备、剪切传动装置、测力计、位移量测系统等；应变控制式三轴仪，包括压力室、轴向加压设备、周围压力系统、反压力系统、孔隙水压力测量系统、轴向变形和体积变化量测系统等，承膜筒及对开圆模、橡皮膜、透水板等，二氧化碳，真空泵。

3.3 基本原理与计算

3.3.1 砂土相对密实度的确定

由于砂土属于散粒体，一般现场无法取得原状土样，不能直接采用原状样进行室内抗剪强度实验。通常的做法是先确定现场密实度 D_r，实验室实验时以现场密实度确定的干密度控制装样。

现场密实度 D_r 可由圆锥动力触探实验、标准贯入实验以及静力触探实验等方法确定。在《工程地质手册》（第四版）中，给出了标准贯入锤击数 N 判定砂土密实程度的标准，同时给出了标准贯入锤击数 N 与砂土相对密实度 D_r 关系的 Meyerhof 公式

$$D_r = 210 \sqrt{\frac{N}{\sigma + 70}} \qquad (3\text{-}3\text{-}1)$$

式中　N——标准贯入锤击数；

　　　σ——有效上覆压力（kPa）。

此外，利用静力触探的端阻力 q_c 值，考虑垂直有效应力，也可以经验确定砂土的相对密实度，具体可参看《工程地质手册》（第四版）中静力触探的成果应用部分。

3.3.2　砂土装样控制干密度的确定

为确定砂土的实验室装样控制干密度，首先需要确定该砂土的最大干密度 ρ_{dmax} 及最小干密度 ρ_{dmin}，这可以通过前述的砂的相对密实度实验确定；然后由下式计算得到装样干密度 ρ_d

$$\rho_d = \frac{\rho_{dmax} \rho_{dmin}}{\rho_{dmax} - D_r (\rho_{dmax} - \rho_{dmin})} \qquad (3\text{-}3\text{-}2)$$

3.3.3　无黏性土坡的稳定分析

3.3.3.1　全干或全淹没情况

无黏性土坡的滑动面近似为一通过坡脚的平面，对于坡脚为 α、内摩擦角为 φ 的无黏性土坡，其稳定安全系数为

$$F_s = \frac{\tan\varphi}{\tan\alpha} \qquad (3\text{-}3\text{-}3)$$

3.3.3.2　有顺坡出流的渗流情况

其稳定安全系数为

$$F_s = \frac{\gamma' \tan\varphi}{\gamma_{sat} \tan\alpha} \qquad (3\text{-}3\text{-}4)$$

式中　γ'——浮重度；

　　　γ_{sat}——饱和重度。

3.3.4　地基承载力的确定

可以按如下两种方法确定地基容许承载力。

3.3.4.1　由地基极限承载力理论公式计算

地基极限承载力理论公式为

$$p_u = \frac{\gamma B}{2} N_\gamma + \gamma_m D N_q + c N_c \qquad (3\text{-}3\text{-}5)$$

式中　N_γ、N_q、N_c——承载力系数，只与土的内摩擦角 φ 有关，例如可查太沙基极限承载力系数图；

　　　p_u——极限承载力（kPa）；

　　　B——基础宽度（m）；

　　　D——基础埋深（m）；

　　　γ——基底以下土的重度，地下水位以下取浮重度（kN/m³）；

　　　γ_m——基底以上土的加权平均重度，地下水位以下取浮重度（kN/m³）；

$$c\text{——基底下土的黏聚力（kPa）。}$$

由此可得地基容许承载力

$$f_a = p_u / F_s \tag{3-3-6}$$

式中　F_s——安全系数，通常可取 $2.0 \sim 3.0$。

3.3.4.2 按塑性区开展深度理论公式计算

《建筑地基基础设计规范》GB 50007—2011 采用按塑性区开展深度确定的地基临界荷载 $p_{1/4}$ 为基础理论公式，并结合经验给出地基容许承载力公式

$$f_a = M_b \gamma B + M_d \gamma_m D + M_c c_k \tag{3-3-7}$$

式中　M_b、M_d、M_c——承载力系数，按表 3-3-1 确定；

　　　　f_a——地基承载力容许值（kPa）；

　　　　B——基础宽度（m），大于 6m 按 6m 计算，砂土小于 3m 按 3m 计算；

　　　　D——基础埋深（m）；

　　　　γ——基底以下土的重度，地下水位以下取浮重度（kN/m³）；

　　　　γ_m——基底以上土的加权平均重度，地下水位以下取浮重度（kN/m³）；

　　　　c_k——基底下一倍短边宽的深度内土的黏聚力值标准值（kPa）。

式（3-3-7）适合于偏心距小于基础底面宽度 3.3% 的地基承载力的计算。

承载力系数 M_b，M_d，M_c　　　　　　　　　　表 3-3-1

$\varphi_k(°)$	M_b	M_d	M_c	$\varphi_k(°)$	M_b	M_d	M_c
0	0.00	1.00	3.14	22	0.61	3.44	6.04
2	0.03	1.12	3.32	24	0.80	3.87	6.45
4	0.06	1.25	3.51	26	1.10	4.37	6.90
6	0.10	1.39	3.71	28	1.40	4.93	7.40
8	0.14	1.55	3.93	30	1.90	5.59	7.95
10	0.18	1.73	4.17	32	2.60	6.35	8.55
12	0.23	1.94	4.42	34	3.40	7.21	9.22
14	0.29	2.17	4.69	36	4.20	8.25	9.97
16	0.36	2.43	5.00	38	5.00	9.44	10.80
18	0.43	2.72	5.31	40	5.80	10.84	11.73
20	0.51	3.06	5.66				

注：φ_k 为土的内摩擦角标准值。

根据大量工程实践经验、现场原位测试及地基土的物理和力学性质指标，一些专业规范还列出了承载力表，从表中可以查得地基承载力容许值。

3.4　实验步骤

实验前应根据实验目的要求查阅相关规范资料，确定所需测定的实验指标，制定实验方案和步骤，明确所使用的实验仪器。本实验主要依据第二篇第 6、11、12、13 章。

将实验方案交给指导老师批阅，进行修改完善。

首先将实验砂样烘干，进行水上、水下的天然休止角实验；然后确定直剪和三轴实验装样的相对密实度，如要模拟现场原位砂土的密实度，可由现场原位标准贯入实验得到的

标贯击数 N 及上覆压力 σ 计算得到；之后进行实验前准备工作，确认各实验仪器的正常有效；接着进行相对密实度实验，测得所给砂样的最大、最小干密度，根据现场密实度计算得到控制装样的干密度；再以确定的干密度装样进行不同垂直压力下的直剪实验与不同围压下的三轴剪切实验，记录有关实验数据。

实验完成后，根据直剪实验记录数据计算、作图，得到不同压力下的抗剪强度，从而得到抗剪强度包线，确定抗剪强度指标；根据三轴剪切实验记录数据计算、作图，得到不同围压下试样剪坏时的摩尔应力圆，得到抗剪强度包线，从而确定抗剪强度指标；根据天然休止角实验结果确定水上和水下内摩擦角。

针对不同实验方法获得的抗剪强度指标进行对比，分析不同实验方法获得结果的差异，并分析产生差异的原因。基于实验获得的抗剪强度参数，结合工程实际，根据上一节介绍的边坡稳定分析方法和地基承载力确定方法进行无黏性土坡的稳定性分析、确定砂土地基的容许承载力，并比较不同方法获得的承载力差异，对结果进行分析讨论。

3.5　实验报告撰写

实验报告包括实验目的、实验步骤、实验数据记录和计算整理、实验图表、边坡稳定分析、地基承载力计算、结果讨论以及心得体会等。实验报告格式具体可参看附录 C。

附录 A　细粒土分类定名和状态评价实验报告

姓名　　　　　　　同组同学　　　　　　　　　实验日期

1.1　实验目的

1.2　实验步骤

1.3　实验数据

1.3.1　已知数据

实验土体的天然含水率 $w=$ 　　　 $\%$

1.3.2　实测数据与计算数据

实验实测数据记录在表 1.1 中，计算数据整理在表 1.1 中。

表 1.1 液、塑限实验数据表（联合测定法）

落锥下沉深度(mm)						
实验次数	1	2	1	2	1	2
盒号						
盒加湿土质量(g)						
盒加干土质量(g)						
水质量(g)						
盒质量(g)						
干土质量(g)						
含水量(率)(%)						
平均含水量(率)(%)						
塑限 w_p(%)						
10mm 液限 w_L(%)						
17mm 液限 w_L(%)						
备注						

1.4 实验结果图与分析

1.4.1 计算表 1.1 中的各平均含水率，由计算结果在双对数坐标图 1.1 中绘制落锥下沉深度与含水率关系，并由图确定塑限、10mm 液限和 17mm 液限，填入表 1.1 中；

1.4.2 计算塑性指数 I_p 并分别按照《建筑地基基础设计规范》GB 50007—2011 和《土的工程分类标准》GB/T 50145—2007 进行土的分类定名，并对比定名差异。

1.4.3 当天然含水率 $w=$ 时，计算液性指数 I_L，并依据《建筑地基基础设计规范》GB 50007—2011 判别土的稠度状态。

1.5 实验心得和体会

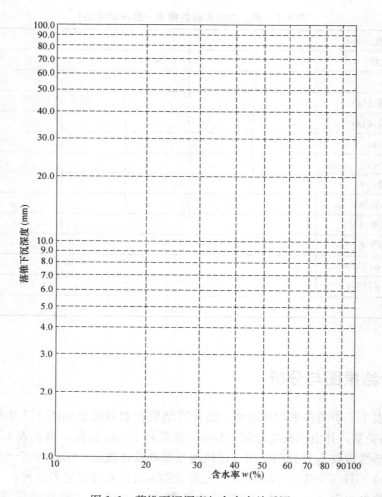

图 1.1　落锥下沉深度与含水率关系图

108

108

附录 B　黏性土地基固结变形分析实验报告

姓名　　　　　　　同组同学　　　　　　　　　　实验日期

2.1　实验目的

2.2　实验步骤

2.2.1　试样的天然密度实验

2.2.2 试样的天然含水率实验

2.2.3 试样的固结实验

2.3　实验数据

2.3.1　已知数据

环刀质量恒定为 43g，容积 60cm³；试样初始高度 $H_0=2$cm；土粒比重 $G_s=$　　　。

2.3.2　实验实测数据和计算数据

密度实验实测和计算数据记录在表 2.1 中，含水率实验实测和计算数据记录在表 2.2 中，有关物理性质指标、固结实验实测和计算数据记录在表 2.3 中。

表 2.1　密度实验实测与计算数据表（环刀法）

试样编号	环刀号	湿土＋环刀质量(g)	环刀质量(g)	湿土质量(g)	试样体积(cm³)	湿密度(g/cm³)	平均湿密度(g/cm³)	平均干密度(g/cm³)

表 2.2　含水率实验实测与计算数据表（烘干法）

试样编号	盒号	盒＋湿土质量(g)	盒质量(g)	湿土质量(g)	盒＋干土质量(g)	干土质量(g)	含水率（%）	平均含水率(%)

表 2.3　土的固结实验实测与计算数据表

仪器编号＿＿＿＿＿＿＿　　　　　　　试样初始高度 $H_0=$

试样天然含水率 $w=$　　　　　　　　土粒比重 $G_s=$

试样天然密度 $\rho=$　　　　　　　　　试样初始孔隙比 $e_0=$

试样饱和度 $S_r=$　　　　　　　　　　试样干密度 $\rho_d=$

经过时间(min) ＼ 垂直压力	各级荷载下试样变形的百分表读数(0.01mm)			
	50 (kPa)	100 (kPa)	200 (kPa)	400 (kPa)
0.25				
1				
2.25				
4				
6.25				
9				
16				
25				

经过时间(min) \ 垂直压力	各级荷载下试样变形的百分表读数(0.01mm)			
	50 (kPa)	100 (kPa)	200 (kPa)	400 (kPa)
36				
49				
64				
81				
100				
总变形量$(h_i)_t$(mm)				
仪器变形量 Δ_i(mm)				
校正后土样总变形量(mm) $\sum \Delta h_i = (h_i)_t - \Delta_i$				
土样相对沉降量 $\sum \Delta h_i / H_0$				
各级荷载下的孔隙比 e_i				
压缩系数 a_{1-2}(MPa^{-1})				
压缩模量 E_{s1-2}(MPa)				
判断土的压缩性				
固结系数 $C_v = 0.848 \bar{h}^2 / t_{90}$(cm^2/s)				

2.4 实验结果分析

(1) 计算表 2.1 和表 2.2 并确定试样的天然密度和含水率,并计算试样的饱和度 S_r、干密度 ρ_d 和初始孔隙比 e_0,填入表 2.3 中。

(2) 将各仪器变形量填入表 2.3 中,计算表中各级荷载下的孔隙比,由计算结果在图 2.1 中绘制 e-p 曲线,并计算压缩系数 a_{1-2} 和压缩模量 E_{s1-2},评价土体的压缩性,填入表 2.3 中。

(3) 依据某级荷载下变形与时间的记录数据,在图 2.2 中绘制试样变形与时间平方根

（$d-\sqrt{t}$）关系曲线，按时间平方根法计算固结系数 C_v，填入表 2.3 中。

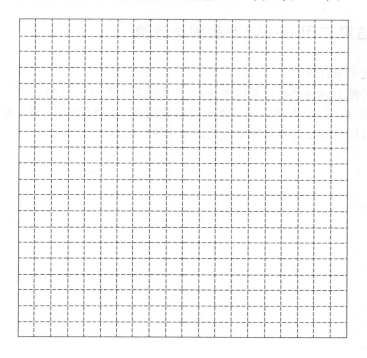

图 2.1　$e\text{-}p$ 关系曲线

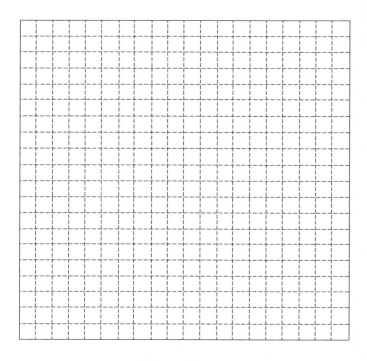

图 2.2　试样变形 d 与时间平方 $\sqrt{t}$ 关系曲线

2.5 实验结果应用——变形和固结计算

（1）最终变形量计算

在该土样场地上修建某条形基础宽 6m，作用的均布基底压力为 $p=70\mathrm{kPa}$，基础埋深 $D=2\mathrm{m}$，土层很厚，假定土层均匀，该土层参数由前述实验确定，地下水位在地层表面处，采用单向分层总和法计算基础中点的地基最终变形量。

（2）固结计算

如图 2.3 所示，下部为不透水边界，表层铺一层砂层，夹一厚 10m 的本实验土层，地下水位在地层表面。由于地面上条形荷载作用，在该土层中产生的附加应力如图 2.3 所示。该土层的物理力学性质由上述实验确定。试求：

1）加荷一年后，基础中点、下地基的变形为多少厘米？

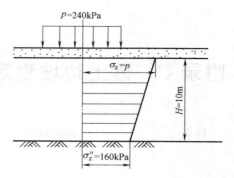

图 2.3　土层中产生的附加应力

2）加荷后历时多久，地基的固结度才可达 0.70？

2.6　实验心得和体会

附录 C　砂土边坡稳定和地基承载力评价实验报告

姓名 ＿＿＿＿＿　　同组同学 ＿＿＿＿＿　　　　　　实验日期 ＿＿＿＿＿

3.1　实验目的

3.2　实验步骤

3.2.1　天然休止角实验

3.2.2 相对密实度实验

3.2.3 直接剪切实验

3.2.4　三轴压缩实验

3.3　实验数据

3.3.1　已知数据

记录在各实验记录表头位置。

3.3.2　实验实测数据与计算数据

天然休止角实验实测结果和计算数据记录在表 3.1 中；相对密实度实验的实测和计算数据，以及根据实验结果与给定的相对密实度 D_r 计算得到的装样控制干密度 ρ_d 记录在表 3.2 中；直剪实验的实测和计算数据记录在表 3.3 中；三轴压缩实验的实测和计算数据记录在表 3.4 中。

表 3.1　休止角实验记录表

实验次数	充分风干状态休止角			水下状态休止角			备注
	读数		平均值	读数		平均值	
	$\tan\alpha_c$	(°)	(°)	$\tan\alpha_m$	(°)	(°)	

表 3.2　相对密实度实验记录表

	实验项目	最小干密度 ρ_{dmin}	最大干密度 ρ_{dmax}	备注
	实验方法	漏斗法	振击法	
试样质量(g)	(1)			
试样体积(cm³)	(2)			
干密度(g/cm³)	(3)			
平均干密度(g/cm³)	(4)			
相对密实度 D_r	(5)			
装样干密度(g/cm³) $\rho_d = \dfrac{\rho_{dmax}\rho_{dmin}}{\rho_{dmax} - D_r(\rho_{dmax} - \rho_{dmin})}$	(6)			

表 3.3 直接剪切实验记录表（应变控制式直接剪切仪）

仪器编号 　　　　　　　　试样干密度 $\rho_d=$ 　　　　　g/cm^3

量力环率定系数 $C=$ 　　　　kPa/0.01mm 手轮转速 　　　　转/分

手轮转数 n	量力环表读数 R (0.01mm)	水平剪切位移 ΔL (mm)	剪应力 τ (kPa)	手轮转数 n	量力环表读数 R (0.01mm)	水平剪切位移 ΔL (mm)	剪应力 τ (kPa)

垂直压力 $p_1=$ 　　kPa　　　抗剪强度 $\tau_{f1}=$ 　　kPa

垂直压力 $p_2=$ 　　kPa　　　抗剪强度 $\tau_{f2}=$ 　　kPa

	垂直压力 $p_3 =$ kPa 抗剪强度 $\tau_{f3} =$ kPa				垂直压力 $p_4 =$ kPa 抗剪强度 $\tau_{f4} =$ kPa		
手轮转数 n	量力环表读数 R (0.01mm)	水平剪切位移 ΔL (0.01mm)	剪应力 τ (kPa)	手轮转数 n	量力环表读数 R (0.01mm)	水平剪切位移 ΔL (0.01mm)	剪应力 τ (kPa)

表 3.4　三轴压缩实验记录表（固结排水剪）

设备编号：　　　　；实验土料　　　　　；试样原始：高度 $h_0=$　　　　cm；直径 $d_0=$　　　　cm；横截面积 $A_0=$　　　　cm^2；体积 $V_0=$　　　　cm^3；试样干密度 $\rho_d=$　　　　g/cm^3；量水管读数：初始 $Q_0=$　　　　cm^3；固结后 $Q=$　　　　cm^3；钢环标定系数 $C=$　　　　N/格；剪应变速率　　　　%/分

周围压力	量力环表读数	活塞荷重	轴向变形量表读数	排水管读数	试样体积变化	固结后高度	轴向应变	固结后面积	校正后面积	主应力差
σ_3	R_i	$P_i=C\cdot R_i$	Δh_i	Q_i	ΔV_i	$h_c=$ $h_0(1-\Delta V_c/3V_0)$	$\varepsilon_i=$ $\Delta h_i/h_c$	$A_c=$ $A_0(1-2\Delta V_c/3V_0)$	$A_a=$ $(V_c-\Delta V_i)$ $/(h_c-\Delta h_i)$	$(\sigma_1-\sigma_3)$ $=P_i/A_a$
kPa	格 (0.01mm)	N	mm	cm^3	cm^3	cm	%	cm^2	cm^2	kPa

3.4 实验结果整理与分析

3.4.1 天然休止角

根据平行实验得到的结果，分别计算得到水上和水下的休止角，填入表 3.1 中。

3.4.2 相对密实度实验与装样干密度

由相对密实度实验得到最大、最小干密度，根据给定的相对密实度计算得到的装样干密度，填入表 3.2 中。

3.4.3 直接剪切实验

（1）计算表 3.3 中的剪切变形和剪应力，在图 3.1 中绘制各级垂直压力条件下的剪应力与剪变形（τ-δ）的关系曲线，确定各级垂直压力下的抗剪强度 τ_f。

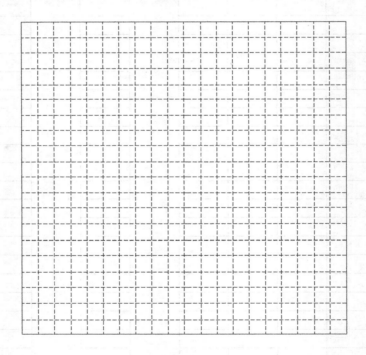

图 3.1　剪应力 τ 与剪变形 δ 的关系曲线

（2）在图 3.2 的 τ_f-p 坐标中点绘破坏点，确定强度包线和抗剪强度指标 c、φ 值。

3.4.4 三轴压缩实验

（1）计算在一个围压条件下表 3.4 中的轴向应变和主应力差，在图 3.3 中绘制该围压下的偏应力与轴向应变关系曲线，确定破坏时的主应力差，填入表 3.5 中。

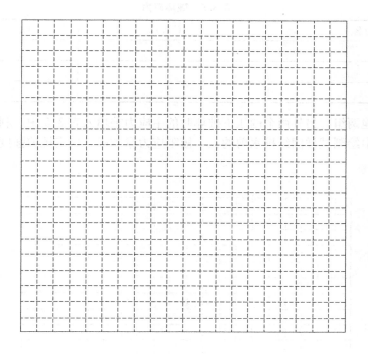

图 3.2 $\tau_f\text{-}p$ 坐标图

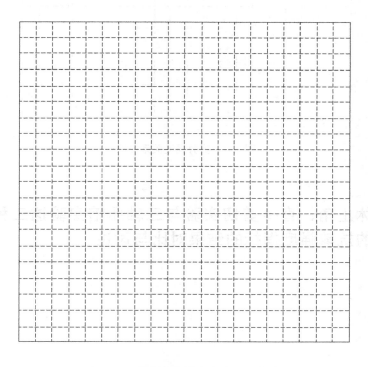

图 3.3 偏应力与轴向应变关系曲线

表 3.5　破坏应力

组名	σ_3(kPa)	$(\sigma_1-\sigma_3)_f$(kPa)

（2）将其他两组在另外两个围压下破坏时的主应力差填入表 3.5 中。利用表 3.5 实验数据在图 3.4 中绘制试样固结排水剪的三个极限应力摩尔圆，确定抗剪强度包线和抗剪强度指标 c、φ 值。

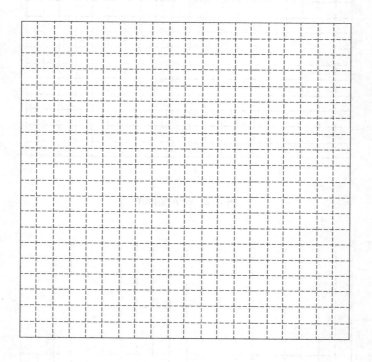

图 3.4　抗剪强度关系曲线

3.5　天然休止角、直接剪切实验与三轴压缩实验这三种实验方法获得的抗剪强度指标的结果对比与讨论

3.6　实验结果应用——砂土边坡稳定和砂土地基承载力评价

3.6.1　砂土边坡稳定分析

已知某砂土土坡，其坡比为 1：2，饱和重度 $\gamma_{sat}=20$ kN/m³，水上及水下的内摩擦角取自前述的天然休止角实验结果。试问该土坡在干坡、完全浸水以及沿坡面有稳定的顺坡出流情况下的安全系数各是多少？

3.6.2　砂土地基承载力评价

已知某条形基础底面宽 2m，基础埋深 1.5m，上部结构及基础和上覆土量传至基础底面竖向力的合力偏心距 $e=0.05$m。地基为均质砂土，内摩擦角由前述直剪实验得到，其天然重度 $\gamma=18$kN/m³，饱和重度 $\gamma_{sat}=20$kN/m³，地下水位位于基础底面处，试用以下两种方法确定地基的容许承载力。

（1）按第三篇第 3.3.4.1 节确定，取 $F_s=2.0$。

（2）按第三篇第 3.3.4.2 节规范推荐的地基临界荷载计算的承载力理论公式确定。

3.7　实验心得和体会

参 考 文 献

1. 郭莹，王忠涛，唐洪祥. 土力学. 北京：中国建筑工业出版社，2014.

2. 侍倩，曾亚武. 岩土力学实验（第二版）. 武汉：武汉大学出版社，2010.

3. 孙红月. 土力学实验指导. 北京：中国水利水电出版社，2010.

4. 刘东，王晓斌，刘峰，佟大鹏，李天宵. 土力学实验指导. 北京：中国水利水电出版社，2011.

5. 中华人民共和国国家标准，《土工试验方法标准》GB/T 50123—1999. 北京：中国计划出版社，1999.

6. 中华人民共和国行业标准，《土工试验规程》SL 237—1999. 北京：中国水利水电出版社，1999.

7. 《工程地质手册》编委会. 工程地质手册（第四版）. 北京：中国建筑工业出版社，2007.

8. 中华人民共和国国家标准，《建筑地基基础设计规范》GB 50007—2011. 北京：中国建筑工业出版社，2012.

9. 中华人民共和国国家标准，《岩土工程勘察规范》GB 50021—2001. 北京：中国建筑工业出版社，2009.

10. 中华人民共和国行业标准，《港口工程地基规范》JTS 147—1—2010. 北京：人民交通出版社，2010.

11. 中华人民共和国国家标准，《土的工程分类标准》GB/T 50145—2007. 北京：中国计划出版社，2008.

12. 中华人民共和国行业标准，《公路土工试验规程》JTG E40—2007. 北京：人民交通出版社，2007.

13. 中华人民共和国国家标准，《岩土工程仪器基本参数及通用技术条件》GB/T 15406—2007. 北京：中国标准出版社，2007.

14. 国家质量监督检验检疫总局，《力传感器检定规程》JJG 391—2009. 北京：中国计量出版社，2010。

15. 国家质量监督检验检疫总局，《标准测力仪检定规程》JJG 144—2007. 北京：中国计量出版社，2007.

16. 中华人民共和国国家标准，《土工试验仪器 剪切仪第 2 部分：现场十字板剪切仪》GB/T 4934. 2—2008. 北京：中国标准出版社，2008.